나의 첫 자유여행

뉴욕

NEW YORK

2018년
최신판

김미현 지음

나의 첫 자유여행
# 뉴욕

*NEW YORK*

동양북스

나는 어렸을 때부터 책을 좋아했다. 책에 나오는 낯선 나라들과 사람들이 어린 내게 상상의 나래를 펼치게 해주었다. 그렇게 시작된 외국에 대한 막연한 동경은 나로 하여금 영어를 전공하게 했고, 졸업 후 꽤 오랜 시간 영어교재 편집자로 일하게 되었다.

독서라는 취미는 자연스레 여행으로 연결되었다. 국내든 해외든 짬이 나면, 슬플 때는 슬퍼서, 기쁠 때는 기뻐서 여행을 다녔다. 그동안 20개가 넘는 나라와 많은 도시들을 수도 없이 다녔지만 내 첫 번째 여행 책을 뉴욕으로 정한 데는 특별한 이유가 있다.

뉴욕은 나의 인생을 바꾼 도시이다. 그저 여행을 좋아하는 영어교재 편집자에서 좋아하는 일을 향해 더 넓은 세상으로 얼마든지 도전할 수 있는 사람이라는 것을 깨닫게 해준 곳이다. 늦은 나이에 유학의 꿈을 이루기 위해 비행기에 몸을 실었을 때만 해도 앞으로 내가 무엇을 하게 될지 몰랐다. 그런 내게 뉴욕이란 도시는 함께 꿈을 꾸어주었고, 꿈을 함께할 사람들을 만나게 해주었다. 그래서 뉴욕은 나에게 제2의 고향과 같은 곳이다.

나는 여행이 단순히 시간이나 돈이 남아서 가는 것이 아니라고 생각한다. 여행은 진정한 나를 찾으러 가는 인생의 여정이다. 이 여정 중에 당신은 인생을 함께할 동반자를 찾을 수도 있고, 평생에 힘이 될 친구를 만날 수도 있다. 여태껏 미루었던 것을 결심할 수 있고, 가슴 깊은 곳의 상처를 보듬을 수도 있다. 내게 여행은 그런 것이었다. 낯선 환경이 주는 도전은 나를 두렵게도 했지만 동시에 설레게 했고, 여행지에서의 하루하루는 나를 성장시켰고 내 인생의 가장 귀중한 자산이 되었다.

뉴욕은 혼자 가도 좋고, 친구와 가도 좋고, 가족과 가도 좋고, 연인과 가도 좋은 곳이다. 이곳에 온 모두에게 잊지 못할 아름다운 이야기를 선물해줄 보물이 숨겨져 있기 때문이다. 자유여행이 두려울 수도 있지만 두려움을 이기는 것도 여행의 목적이 될 수 있다. 이 책과 함께 뉴욕 곳곳을 자유롭게 다니며 자신을 성장시킬 독자들을 기대해본다.

뉴욕은 혼자 갈 수 있지만 책은 혼자 낼 수 없다는 것을 깨닫게 해준 많은 분들에게 감사 인사를 드린다. 먼저 이 책을 쓰라고 아이디어를 주고 취재에 동행해준 사랑하는 사라, 폴과 애나, 미슐랭 못지않은 식도락가에 사진까지 찍느라 고생한 제임스, 뉴욕에서 숙식과 정보를 제공해 준 진영이와 준호, 맛집을 소개해준 영이, 경원이, 나를 국제교류에 눈뜨게 해준 최 대표님, 뉴욕에서 항상 나의 안식처가 되어준 사랑하는 새려와 한구 씨, 좋은 사진을 찍어준 민주, 원고를 도와준 조이, 나를 편집팀에 소개해준 현진 씨, 이제는 뉴욕 전문가가 된 권 팀장님과 편집팀, 강 편집장님, 항상 내 편인 부모님과 언제나 나의 힘이 되시는 하나님께 마음을 다해 감사를 전한다.

김미현

## 1 뉴욕 매력 탐구

## 2 든든한 여행 준비

## 3 지금 바로 뉴욕

## 4 뉴욕 산책

### ❶ 로어 맨해튼

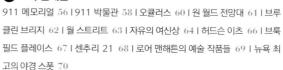

*Contents*

### 나의 첫 자유여행, 뉴욕

# 이 책을 즐기는 다섯 가지 방법

**1 뉴욕 여행 한눈에 보기**

전 세계인이 사랑하는 매력적인 도시 뉴욕에서 꼭 해봐야 할 10가지를 엄선했습니다. 뉴욕 여행에 관한 검색 데이터 분석, 현지인이 사용하는 여행지, 맛집 평가 사이트의 평점 분석을 통해 추천하는 볼거리, 즐길 거리, 먹을거리입니다. 짧은 일정이라도 이것만 해본다면 뉴욕을 100% 즐길 수 있습니다.

**2 내 취향대로 떠나는 여행**

개인의 취향에 맞게 여행을 할 수 있도록 여행지를 분류하고 대표적인 스폿을 선별해 5박 7일 코스, 7박 9일 코스를 제시했습니다. 내 스타일에 맞는 코스를 선택해 그대로 따라가세요. 첫 자유여행도 여유롭게 즐길 수 있습니다.

---

**일러두기**

본문에 사용한 영어 표기는 외래어표기법을 기준으로 하되, 일부 예외를 두었습니다. 상호명은 정보 찾기가 용이하도록 한글, 원어를 동시에 표기했습니다.
이 책은 2018년 7월까지 최신 정보를 수집하여 싣고자 노력했습니다. 출판 후 독자의 여행 시점과 동선에 따라 정보가 변동될 수 있습니다. 도서를 이용하면서 불편한 점이나 틀린 정보에 대한 의견은 다음 메일로 보내주십시오.
✉ dybooks2@gmail.com

**③ 구글맵으로 더욱 간편하게 이동!**
QR을 스캔하면 구글맵으로 연결되어 현재 위치에서 해당 지역까지 가는 방법을 간편하게 확인할 수 있습니다. 어디에 있든 당황하지 않고 지도를 따라가면 OK! 근처에 있는 명소와 음식점 등의 위치도 덤으로 확인할 수 있습니다.

**④ 간결한 정보와 매력적인 소개**
누구나 여행지를 쉽게 알아보고 찾아갈 수 있도록 가는 법과 홈페이지를 친절하게 수록했으며, 개장시간 등 주의해야 할 정보를 꼼꼼하게 제공했습니다. 여기에 당장이라도 떠나고 싶은 마음이 들 정도로 매력적인 사진과 소개글을 실어 여행의 설렘을 듬뿍 담았습니다.

**⑤ 나만의 여행 일기**
여행스케줄을 정리하고, 현지에서의 즐거운 시간을 기록할 수 있는 여행 수첩을 제공했습니다. 또한 현지에서 바로 쓸 수 있는 필수 회화문도 실었습니다. 말이 안 통해도 당황하지 않고 자연스럽게~ 뉴욕에서 자유여행을 만끽할 수 있습니다.

# *Fall in Love with New York*

## 뉴욕 매력 탐구

"There is something in the New York air that makes sleep useless."
뉴욕의 공기에는 잠을 무의미하게 만드는 무언가가 있다.
_ 시몬 드 보부아르

뉴욕을 한 번도 가보지 않은 사람은 있어도 한 번만 가본 사람은 없다.
뉴욕이란 도시는 그만큼 사람의 마음을 사로잡는 특별한 매력이 있다.
뉴욕 여행을 계획하는 당신, 분명 뉴욕과 사랑에 빠지게 될 것이다.

# New York, New York

누구나 한 번쯤 가보고 싶은 도시, 뉴욕. 우리가 일반적으로 말하는 '뉴욕'은 사실 맨해튼을 가리킨다. 뉴욕은 뉴욕주New York State를 말하거나 뉴욕시티New York City를 가리키는데 뉴욕주는 남한의 면적보다 크고 맨해튼을 포함한 5개의 지역으로 이루어져 있다. 하지만 사람들은 흔히 '맨해튼'을 뉴욕이라고 부르므로 이 책에서도 동일하게 사용하려 한다.

그런데 왜 우리는 맨해튼을 뉴욕이라고 부를까? 동쪽으로는 이스트 강과 서쪽으로는 허드슨 강이 흐르는 이 작은 섬이 가진 정치, 경제, 예술, 문화의 영향력이 그만큼 대단하다고 느끼기 때문이 아닐까.

맨해튼은 19세기의 세계 열강들이 아메리카 대륙을 발견하고, 오랜 항해 끝에 밟은 첫 번째 땅이자 처음 보는 아메리칸 드림의 실제였다. 당시 이 땅에 살고 있던 아메리칸 원주민들은 이곳을 '매나하타Mannahata'라고 불렀는데, 맨해튼이란 지명은 이것에서 유래되었다고 한다.

원주민들을 몰아내고 맨해튼을 처음 차지한 나라는 네덜란드였으며, 네덜란드인들은 이 지역을 '뉴암스테르담'이라 명명한 뒤 당시 비싸게 거래되던 비버 가죽을 파는 교역 장소로 사용했다. 하지만 네덜란드는 곧 막강한 군대를 이끌고 온 영국군과 조약을 맺고 맨해튼을 내주게 되었고, 영

국은 황태자인 요크 공작의 이름을 따서 맨해튼을 '뉴욕New York'이라 불렀다. 그러고 보면 우리가 맨해튼을 뉴욕이라고 부르는 것이 아주 근거가 없는 것은 아니다. 오래전 맨해튼은 뉴욕이라고 불리기도 했으니 말이다.

영국으로부터 독립한 후 미국의 수도이기도 했던 뉴욕은 세계 열강들 사이에서 독립과 평등을 이루어낸 민주주의 도시이자, 세계 평화의 상징인 UN 본부가 있는 세계의 수도로서 전 세계인들의 사랑을 받고 있다. 또한 꿈으로 가득찬 자유의 도시이자 일 년 내내 전 세계에서 찾아온 관광객으로 붐비는 코즈모폴리탄이 되었다. 유명한 예술작품들이 가득한 미술관과 박물관이 넘치는 도시이자 패션과 쇼핑의 일번지, 할리우드 영화의 단골 배경지로서 사람들의 마음을 사로잡고 있다.

뉴욕을 한 번도 가보지 않은 사람은 있어도 한 번만 가본 사람은 없다. 그만큼 뉴욕은 전 세계인의 마음을 사로잡는 매력을 가진 곳이다. 뉴욕 여행을 계획하고 있는 당신, 분명 뉴욕과 사랑에 빠지게 될 것이다.

# 뉴욕의 지역 구분

뉴욕에 와서 가장 놀랐던 것은 나 같은 길치도 쉽게 길을 찾을 수 있다는 사실이었다. 남북으로
뻗은 12개의 애비뉴Avenue와 동서를 가로지르는 152개 스트리트Street가 마치 자로 잰듯 반듯
하게 나뉘어서 보드게임판이나 바둑판처럼 보인다. 나중에야 그것을 그리드Grid라고 부른다는
것을 알게 되었다. 스트리트는 걸어서 1~2분, 애비뉴는 걸어서 3~5분이면 갈 수 있기 때문에 뉴
욕 여행에서는 하루에 수십 블록을 아무렇지도 않게 걷게 된다.

여행 중 길을 잃었다 해도 그리드 덕분에 내가 어디쯤에 있는지 바로 알 수 있다. 수평으로 걸
어보면 내가 어느 스트리트에 있는지 알 수 있고, 수직으로 걸어보면 어느 애비뉴에 있는지 알
수 있기 때문이다. 단순하고 지루한 그리드에 활력을 불어넣는 거리가 있으니 바로 브로드웨이
Broadway이다. 말 그대로 '넓은 길'이라는 뜻인데, 이 길은 맨해튼에서 사선으로 형성되어 있어
그리드와 만나는 지점에 광장이 생기게 된다. 이러한 광장은 뉴욕이라는 도시를 지루하지 않고
활기차게 만든다.

## 뉴욕시의 독립구

뉴욕시NYC는 5개의 행정구역Borough으로 이루어져 있다. 우리나라로 치면 서울로 출퇴근할 수 있는 위성도시들을 합해놓은 것과 같은데, 맨해튼, 브루클린, 브롱크스, 퀸스, 스태튼 아일랜드가 그것이다.

**맨해튼 Manhattan**
뉴욕시의 중심이자 우리가 '뉴욕'이라고 부르는 바로 그곳이다. 마천루로 가득한 이 작은 섬에 어떤 매력이 있기에 매년 수천만 명의 관광객이 방문하는 것일까?

**브롱크스 Bronx**
뉴욕 양키스 홈구장과 세계에서 가장 큰 동물원인 브롱크스 동물원이 있다. 맨해튼 북쪽에 위치하고 있으며 이민자와 가난한 사람들이 사는 지역으로 알려져 있지만 그것이 브롱크스의 전부는 아니다.

**스태튼 아일랜드 Staten Island**
맨해튼 남단의 섬으로 조용한 전원 도시에 동물원과 식물원이 있다. 주로 무료 페리를 타고 오가며, 자유의 여신상을 보기 위해 많이 간다.

**브루클린 Brooklyn**
〈브루클린으로 가는 마지막 비상구〉라는 영화가 나올 당시만 해도 이곳은 소외되고 가난한 지역이었는데, 현재는 뉴욕에서 가장 힙한 지역으로 각광받고 있다.

**퀸스 Queens**
뉴욕의 제1공항인 JFK공항이 여기에 위치해 있다. 다민족 국가라는 이름답게 이민자들이 많이 거주하고 있으며, 이곳에 한인타운인 '플러싱'이 있다. 뉴욕 메츠의 홈구장과 노구치 박물관, P.S.1 컨템포러리 미술관 등이 있다.

# 맨해튼 한눈에 익히기

## ❶ 할렘 & 모닝사이드 하이츠
## Harlem & Morningside Heights
소울을 느끼기에 충분한 할렘의 거리는 더 이상 위험하고 무서운 곳이 아니다. 재즈, 소울푸드, 컬럼비아 대학교와 중세 유럽을 연상케 하는 교회와 대성당을 둘러보자.

## ❷ 어퍼 웨스트 사이드 Upper West Side
센트럴 파크의 서쪽을 일컫는 지명으로 허드슨 강을 따라 고급 아파트와 상점들이 즐비하다. 유명 음악가의 지명을 딴 상점이나 공원이 있다.

## ❸ 센트럴 파크 Central Park
뉴욕 하면 개를 데리고 센트럴 파크를 뛰는 뉴요커가 떠오를 만큼 뉴욕의 상징이 된 공원이다. '뉴욕의 허파'라고 불릴 정도로 숲과 호수가 많으며, 사계절이 모두 아름답다.

## ❹ 어퍼 이스트 사이드 Upper East Side
예로부터 뉴욕의 부촌으로 알려져 있다. 백만장자가 사는 저택과 고급 사립학교, 명품 매장 등이 즐비해 럭셔리한 분위기를 풍기며, 예술적인 면모도 갖춘 지역이다.

## ❺ 미드타운 Midtown
엠파이어 스테이트 빌딩과 타임스 스퀘어, 록펠러 센터, 모마 등 뉴욕의 주요 관광지들이 몰려 있는 상징적인 곳이다.

## ❻ 첼시 & 미트패킹 디스트릭트
## Chelsea & Meat Packing District
갤러리와 하이라인 파크, 첼시 마켓 등으로 예술과 쇼핑, 미식까지 두루 갖춘 지역이다. 갤러리에서 그림을 감상하고 마켓에서 점심을 먹은 뒤 하이라인 파크를 산책해보자.

## ❼ 웨스트 & 그리니치 빌리지
## West & Greenwich Village
힙한 상점들과 바, 레스토랑, 호텔이 몰려 있는 지역이다.

오랜 명성의 맛집들과 작지만 개성 강한 상점들이 있어 한나절 둘러볼 만하다.

## ❽ 이스트 빌리지 East Village
록 음악가들과 자유분방한 젊은이들의 거리로, 세계 여러 나라의 음식을 맛볼 수 있는 레스토랑과 카페들이 있다.

## ❾ 유니언 & 매디슨 스퀘어
## Union & Madison Square
미드타운 남단으로 유니언 스퀘어와 매디슨 스퀘어 사이에 '레이디스 마일'이라는 쇼핑 거리가 있다. 맛집과 함께 그래머시의 고급 주택들이 몰려 있다.

## ❿ 소호 & 놀리타 Soho & Nolita
가난한 예술가들의 거리에서 이제는 쇼핑의 거리가 되었다. 트렌디한 맛집과 대비되는 오래된 철제 사다리가 달린 클래식한 건물들이 이색적이다.

## ⓫ 차이나타운 & 리틀 이탈리아
## China Town & Little Italy
아메리칸 드림을 안고 뉴욕에 온 중국과 이탈리아 이민자들이 형성한 지역으로 각 나라 특유의 느낌이 있다. 제대로 된 중식과 이탈리아 요리를 먹고 싶다면 가보도록 하자.

## ⓬ 로어 이스트 사이드 Lower East Side
미국에 온 이민자들이 처음 짐을 풀고 정착한 곳이다. 전통 있는 레스토랑과 브런치 맛집들이 있다.

## ⓭ 로어 맨해튼 Lower Manhattan
트라이베카와 파이낸셜 디스트릭트가 있는 지역을 말한다. 트라이베카는 부자들이 사는 동네로 고급 레스토랑과 부티크가 많고, 파이낸셜 디스트릭트는 미국 경제의 중심지로 월 스트리트가 있다.

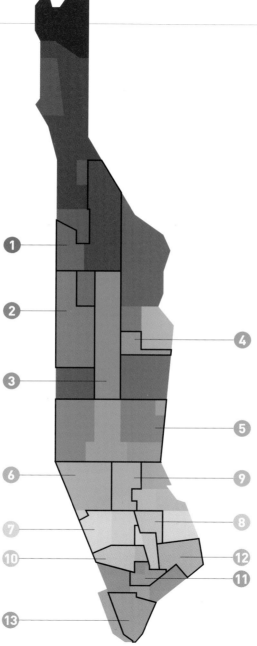

# 뉴욕에서 꼭 해봐야 할 10가지

### 센트럴 파크로 피크닉 가기

센트럴 파크를 걸어서 구경하는 것도 좋지만,
피크닉을 하는 것은 더 좋다. 햇살 좋은 날에
돗자리, 샌드위치, 책 한 권을 준비해 피크닉을
즐겨보자. 잔디밭에 돗자리를 깔고 누워 지나
가는 사람들을 구경하거나 느긋하게 책을 읽
거나 낮잠을 자는 것도 뉴욕을 즐기는 한 방법
이다.

**박물관과 미술관 즐기기**

뉴욕을 여행하는 방법은 다양하지만, 박물관이나 미술관을 빼고 뉴욕을 이야기하기는 어렵다. 메트로폴리탄, 모마, 구겐하임, 노이에, 휘트니, 클로이스터스 등 크고 작은 미술관과 박물관에서 세계적인 작품들을 직접 보는 경험은 뉴욕을 다시 방문하고 싶은 도시로 만든다.

**타임스 스퀘어에서 인증샷 찍기**

최첨단 광고판에 둘러싸여 미래 도시에 와 있는 이방인의 느낌을 카메라에 생생하게 담아보자. 타임스 스퀘어는 '이곳이 뉴욕이구나!' 하는 느낌을 받기에 가장 훌륭한 곳이다.

**브로드웨이 뮤지컬 관람하기**

영어를 알아듣느냐 못 알아듣느냐는 중요하지 않다. 뮤지컬의 고장 브로드웨이에서 관람하는 공연은 그 이상의 의미가 있다. 클래식한 극장에 무대장치, 의상, 음악 등 완성도 높은 공연에 충분히 만족할 것이다.

21

## 뉴욕 야경 감상하기

'야경이 이렇게 아름다울 수 있구나' 하는 탄성이 절로 나오는 뉴욕 마천루의 불빛을 즐겨보자.
엠파이어 스테이트 빌딩, 록펠러 센터의 탑 오브 더 록, 월드 트레이드 센터의 원 월드 전망대, 호
보켄의 부두 등이 뉴욕의 대표적인 야경 스폿이다.

## 재즈바에서 재즈를 들으며 밤문화 체험하기

음원으로 듣는 음악과 라이브 연주로 듣는 음
악은 다르다. 재즈는 특히 그렇다. 수준 높은
노래와 연주는 당신을 영혼의 음악이라는 재
즈의 세계로 이끌어줄 것이다. 뉴욕의 밤을 제
대로 느끼고 싶은 사람에게 강추!

### 911 메모리얼과 박물관 가기

9.11 테러의 아픔과 절망을 딛고 일어나 건설한 그라운드 제로를 방문해보자. 사랑하는 이를 잃은 슬픔을 나누며 평화를 갈망하는 뉴욕 시민들의 가슴 절절한 추모의 마음이 담겨 있다.

### 브루클린 브리지 걷기

뉴욕은 걷는 즐거움이 있는 도시이다. 곳곳에 숨은 명소와 맛집이 즐비하기 때문이다. 그중에서도 꼭 걸어봐야 하는 곳이 바로 브루클린 브리지이다. 해 질 녘 혹은 해 지고 나서 걸을 때 다리에서 보는 맨해튼의 야경이 눈물겹게 아름답다.

### 세계 각국의 요리 맛보기

뉴욕에서 길을 멈추고 눈을 감아보면 전 세계 언어가 귓가를 스친다. 들리는 언어만큼 다양한 음식을 즐길 수 있는 곳이 뉴욕이다. 뉴욕의 음식은 전 세계 이민자들이 만들어낸 종합선물세트 같은 것이다. 매일 한 가지씩 다른 나라의 음식을 먹어보자.

### 셰이크 색 본점에서 햄버거 먹기

피자, 베이글, 치즈케이크 등 다양한 음식이 있지만, 역시 셰이크 색의 명성을 따라갈 수는 없다. LA에 '인앤아웃'이 있다면 뉴욕에는 셰이크 색이 있다. 처음 먹어보는 거라면 시간이 걸려도 매디슨 스퀘어 가든에 위치한 1호점에서 먹어보길 권한다.

# 일 년 내내 즐거운 뉴욕

뉴욕은 축제의 도시이다. 일 년 내내 크고 작은 축제와 행사가 끊이지 않아 관광객들에게 심심할 틈을 주지 않는다. 뉴욕 여행을 계획할 때 체류 기간 동안 어떤 축제가 있는지 살펴보자. 음식, 공연, 패션, 기념일에 따라 다양한 축제가 열린다. 사람이 많고 복잡하긴 하지만 뉴욕의 축제는 전 세계인의 주목을 받는 큰 행사이니 일정에 꼭 넣어보자.

## 레스토랑 위크 Restaurant Week (1월·7월)

1월과 7월에 뉴욕에 간다면 레스토랑 위크를 즐겨보자. 뉴욕의 200여 개 레스토랑에서 코스 요리(전채-메인-디저트)를 할인된(정해진) 가격에 먹을 수 있다. 사람이 많고 예약이 힘들다는 단점이 있지만 평소에는 엄두도 내지 못한 장 조지 같은 스타 셰프의 요리를 합리적인 가격에 먹을 수 있어 좋다. 홈페이지에 들어가면 추천 레스토랑 목록도 있으므로 전혀 정보가 없다면 참고하자. 런치와 디너 메뉴의 가격이 다르다.

@ www.nycgo.com/restaurant-week

## 뮤지컬 위크 Musical Week (2월·9월)

크리스마스와 여름 휴가가 끝나는 비수기에 진행하는 행사로 뮤지컬을 1+1으로 볼 수 있다. 모든 뮤지컬이 다 참여하는 것은 아니지만 나름 꽤 유명한 뮤지컬들이 다수 참여한다. 1명 가격으로 2명이 볼 수 있다는 것은 좋은 기회가 아닐 수 없다. 누구나 보고 싶어하는 뮤지컬은 '피켓팅(피 터지는 티켓팅)'이 예상되므로 날짜를 확인하자.

@ www.nycgo.com/broadway-week

## 패션 위크 Fashion Week (2월·9월)

밀라노, 파리, 런던과 함께 세계 4대 패션 위크 중 하나이다. 1943년 플라자 호텔에서 처음 열린 것이 뉴욕 패션 위크의 시작이었다. 패션쇼 장은 초대받은 사람만 들어갈 수 있지만 패션쇼에 참석하러 들어가는 셀럽들은 누구나 볼 수 있다. 사진 기자들이 잔뜩 포진한 거리를 지나간다면 멈춰서 잠시 구경해보자.

@ nyfw.com

## 세인트 패트릭 데이 퍼레이드
## St. Patrick's Day Parade (3월 17일)

아일랜드에 기독교를 처음 전파한 수호성인 패트릭을 기념하는 아일랜드 축제이나, 현재는 아일랜드 사람들이 살고 있는 영국, 미국, 캐나다 등지에서 열리는 축제가 되었다. 녹색이 성인을 상징하는 색이기 때문에 이 날은 모두가 녹색 의상을 입고 녹색으로 장식을 하고 녹색 맥주를 먹는다고 한다. 5번가에서 퍼레이드가 있으니 녹색 의상을 입고 아일랜드 맥주를 한 잔 마셔보는 것도 좋겠다.

@ www.nycstpatricksparade.org

## 뮤지엄 마일 페스티벌
## Museum Mile Festival (6월 둘째 주 화요일)

5번가의 82스트리트에서 105스트리트까지는 박물관이 밀집한 지역으로, 뮤지엄 마일 페스티벌은 이 지역의 1마일(실제로는 3블록 정도 더 길다)을 막아놓고 즐기는 축제이다. 이때는 오후 6시부터 9시까지 10개의 박물관을 무료로 즐길 수 있다. 길거리에선 각종 공연과 시민들이 참여할 수 있는 이벤트가 펼쳐지기 때문에 예술 축제에 온 듯한 느낌이다.

@ museummilefestival.org

독립기념일 불꽃놀이
Independence Day (7월 4일)

추수감사절 메이시스 퍼레이드 Thanksgiving
Macy's Parade (11월 넷째 주 목요일)

영국의 지배하에 있던 13개 식민지 대표들이 필라델피아에서 미국의 독립선언서 초안에 서명한 1776년 7월 4일을 기념하는 날이다(이 공식 문서에서 처음으로 미합중국The United States of America이라는 명칭이 사용되었다고 한다). 이때는 뉴욕뿐 아니라 미국 전역에서 대규모로 불꽃놀이 행사가 진행된다. 뉴욕에서는 전통적으로 메이시스 백화점이 불꽃놀이를 주관하므로 백화점 홈페이지에 가면 장소를 알 수 있다. 대부분 낮부터 자리를 잡기 시작하니, 이날은 마음을 편히 갖고 낮부터 가서 불꽃놀이를 보기 좋은 자리를 선점하자. NBC 방송국의 라이브 중계로도 아름답고 화려한 불꽃놀이를 감상할 수 있다.

@ www.macys.com/social/fireworks

추수감사절 아침 9시부터 약 3시간 동안 진행된다. 센트럴 파크 웨스트 77가에서 출발해 6번가를 따라 34가 메이시스 백화점이 있는 헤럴드 스퀘어까지 이어지는 퍼레이드이다. 추운 날씨에도 불구하고 2~3시간 전부터 거리는 사람들로 인산인해를 이루며, 특히 빌딩 크기만 한 대형 풍선들과 마칭 밴드 등이 볼 만하다. 아이들과 함께라면 잡은 손을 놓지 않도록 특별히 주의해야 한다.

@ www.macys.com/social/parade

### 크리스마스 트리 점등식
Christmas Tree Lightening (11월 마지막 주)
크리스마스가 다가오면 록펠러 센터 플라자 앞에는 약 30미터 높이의 전나무가 세워지고 그 나무에 5만여 개의 전구를 단다. 크리스마스 트리 점등식에는 뉴욕 시장과 유명 배우, 가수들이 참여하는데, 바로 앞에서 보기 위해 하루 종일 줄을 서기도 한다. 오후 7시부터 2시간 동안 공연을 한 뒤 보통 9시에 점등식을 한다.
@ www.rockefellercenter.com/holidays/
rockefeller-center-christmas-tree-lighting

### 타임스 스퀘어 볼 드롭
Times Square Ball Drop (12월 31일)
12월 31일 타임스 스퀘어 앞에서 열리는 새해 맞이 행사이다. 행사장 근처에서는 짐 검사와 수색이 있으므로 위험한 물건이나 백팩은 가지고 가지 않는 게 좋다. 가수들의 공연이 다채롭게 펼쳐진 후에 새해 카운트다운이 시작되니 옷을 따뜻하게 입고 하루 종일 줄을 설 각오를 해야 한다.
@ timessquareball.net

# *Travel Arrangements*

## 든든한 여행 준비

"The gladdest moment in human life, me thinks, is a departure into unknown lands."
인생에서 가장 기쁜 순간은 낯선 땅으로의 출발이다.

_ 리차드 버튼

잘 준비된 여행은 떠나는 이의 마음을 편안하게 해준다.
여행에 필요한 서류나 준비물들을 가기 전에 꼼꼼히 점검해보자.
짧은 일정이라면 숙소와 공연, 맛집 등은 미리 예약하는 센스가 필요하다.

# 가볍고 든든한 준비물

## 여권

미국 비자가 없다면 전자여권을 준비해야 한다. 여권의 유효기간도 6개월 이상 남았는지 확인한다.

## 비행기 티켓

구매 시기와 경유지에 따라 항공권 가격이 달라진다. 경비에 여유가 있다면 직항을

타고, 경비는 넉넉하지 않지만 시간적 여유가 있다면 경유하는 항공권을 사면 된다. 좌석 지정은 항공권에 따라 다른데, 장거리 비행에서는 무조건 통로쪽 좌석을 확보한다. 싼 항공권일수록 제약이 많다는 것을 기억해야 한다. 환불, 날짜 변경이 안 되거나 마일리지 적립이 불가한 티켓일 수 있다. 또한 경유하는 항공권의 경우 갈아타야 하는 경유지의 공항이 달라 이동해야 하거나 최종 목적지로 짐을 다시 부쳐야 하는 경우가 있을 수 있으니 꼭 체크한다. 뉴욕에는 총 3개의 공항이 있다. 티켓팅을 할 때 숙소 위치를 고려해 공항을 잘 선택하도록 한다.

### 존에프케네디 공항(JFK)
퀸스 지역에 위치한 뉴욕 최대의 국제공항

### 뉴왁 공항(EWR)
뉴저지에 위치하며 맨해튼에서 가장 멀리 떨어진 공항

### 라구아디아 공항(LGA)
퀸스 북부에 위치한 작은 공항

## 여행 경비

항공권을 산 뒤에는 숙소를 찾아보면서 대략의 경비를 산정해본다. 비행기표를 제외한 여행 경비로는 크게 숙박비와 식비, 교통비, 입장료, 기타 비용 등으로 나누어볼 수 있다. 이 중 가장 천차만별인 비용은 바로 식비이다. 패스트푸드가 가장 저렴한데 간단한 샌드위치와 커피도 보통 10달러가 넘는다. 식당은 1인당 20~30달러가 기본이고, 조금 좋은 곳에 가면 100~200달러를 훌쩍 넘긴다. 미식의 도시 뉴욕에 온 만큼 예산 안에서 최대한 다양하게 먹어보자. 아침은 간단하게 베이글과 커피로 해결하고, 점심이나 저녁 한 끼는 고급 레스토랑에 가거나 세계 각국의 음식을 체험해보는 것이다. 고급 레스토랑이나 뮤지컬 티켓 등을 제외하고라도 교통비와 각종 입장료 등을 생각하면 숙박비를 빼고 보통 하루에 70~100달러 정도의 비용이 든다.

## 유심칩 구입 또는 데이터 로밍

2~3일의 짧은 일정이 아니라면 유심을 구입해 나가는 것이 좋다. '미국 유심'이라고 인터넷에 치면 여러 업체가 뜨며, 한국에서 사 가는 것이 싸고 편하다. 유심을 구입하면 미국에 도 착하자마자 바로 이용할 수 있어서 마중 나온 지인 을 만나거나 공항에서 숙소를 찾아갈 때 편리하다. 또한 낯선 곳도 구글맵을 이용해 바로 찾아갈 수 있 다. 우버Uber를 타거나 식당을 예약할 때 미국 번 호가 필요하다.

## 전자여행허가제 ESTA

2008년에 한미 간 비자면제협정 이 체결되어 최대 90일 동안 비자 없이 미국을 여행할 수 있다. 단, 무 비자라고 해도 입국 전에 ESTA를 받아야 한다. 불 량한 대행업체가 많으므로 반드시 공식 ESTA 사이 트에서 14달러를 지불하고 신청한다. 한글로 신청 할 수 있고 신청 마지막 단계에서 신용카드 정보를 넣고 결제를 하면 허가 승인이 떨어진다. 이전에 미 국 비자 거절이나 입국 거부 등의 경험이 있다면 미 국대사관에 가서 직접 비자를 발급받아야 한다. 무 비자라고 해서 아무것도 안 해도 된다고 생각하면 공항에서 집으로 돌아올 수도 있으니 주의한다.
@ esta.cbp.dhs.gov/esta/application. html?execution=e1s1

## 환전

환율우대권이나 환전 앱 을 사용하면 환율 우대 를 받을 수 있으니 출발 전에 미리 환전하자. 현금 이 있다고 해도 미국은 신용카드를 사용해야 할 때 가 많으므로 해외에서 사용 가능한 신용카드(VISA, MASTER, AMEX 등)도 준비하자.

## 짐 챙기기

미국은 전압이 110볼트이므로 전 용 어댑터를 준비한다. 미국은 쇼 핑 천국인 만큼 사고 싶은 게 많다면 캐리어는 되도 록 비워서 간다. 뉴욕 한인타운에서도 웬만한 약은 다 팔지만 혹시 모르니 중요한 약은 한국에서 챙겨 가도록 한다. 위탁 수하물로 카메라나 노트북 등 깨 지기 쉬운 물건이나 배터리류는 부칠 수 없고, 휴대 용 가방에는 액체류나 라이터, 스프레이, 그리고 무 기가 될 만한 뾰족한 물건 등을 넣고 탈 수 없으므로 주의한다.

### 국제운전면허증과 여행자보험

뉴욕에서 렌트를 할 예정이라면 미리 국제운전면허증을 발급받아야 한다. 운전면허시험장이나 지정된 경찰서에서 발급해준다. 여행 중 아프거나 사고가 났을 때 보장받을 수 있는 여행자보험은 가기 전에 꼭 들어두고 가는 게 좋다. 공항에서 드는 것보다 인터넷으로 드는 것이 저렴하다. 핸드폰을 잃어버렸을 때, 갑자기 아플 때, 자동차 사고를 당했을 때, 비행기가 연착되었을 때 등 여러 가지 상황에서 보상을 받을 수 있다.

### 식당·관광지·투어 예약

뮤지컬 공연이나 유명 식당의 경우 좋은 좌석을 위해 미리 예약을 하는 것이 좋다. 뮤지컬 티켓은 오쇼www.ohshow.net, 브로드티켓www.broadticket.com, 뉴욕쇼티켓www.nytix.com 등에서 구매하고, 식당은 오픈 테이블www.opentable.com이나 레시www.resy.com 등의 사이트에서 예약하는 것이 홈페이지에서 직접 하는 것보다 편하다.

### 숙소

세계 최고의 물가를 자랑하는 도시답게 숙박비가 여행 경비의 큰 부분을 차지한다. 하지만 전 세계 여행객이 오는 만큼 저렴한 호스텔에서부터 럭셔리 호텔까지 다양한 숙박시설이 있다. 경비만 생각하면 무조건 싼 곳을 찾아야겠지만 여행에서 숙소는 생각보다 중요하니, 따져보고 잘 선택한다. 뉴욕에 처음 간다면 맨해튼 또는 대중교통으로 한 번에 맨해튼에 갈 수 있는 곳에 숙소를 잡기를 권한다. 아무리 싸도 교통이 불편하거나 치안이 불안하다면 좋은 곳이 아니다. 특히 밤문화를 즐길 거리가 많은 뉴욕에서는 안전한 곳에 숙소를 구해야 밤늦게 들어가기가 좋다. 예약 전에 구글맵으로 시내 중심가의 관광지에서 숙소까지 대중교통으로 어떻게 가는지 미리 검색해보도록 한다.

### 한인 민박

영어에 대한 부담을 덜고, 낯선 환경에서 조금이나마 편안함을 느끼려는 사람들이 많이 선택하는 숙소이다. 간단한 조식(햇반, 라면, 김치 등) 제공과 편리한 위치 때문에 많이 선호하지만 정식 허가를 받지 않고 영업을 하는 곳들이 있으므로 주의를 요한다.

@ **예약 사이트**

www.heykorean.com, www.hanintel.com

★★★★★
GOOD 위치가 시내 중심가이다. 간단한 조리가 가능하고 라면이나 햇반 등을 제공하는 곳이 있다. 한국어로 예약이 가능하며 한국인들을 만나 정보를 공유할 수 있다.

★☆☆☆☆
BAD 생각보다(?) 싼 가격은 아니다. 뒷문으로 다닐 수도 있다. 현찰로 입금해야 하며, 취소 및 환불 규정이 까다롭다. 마스터룸이 아니라면 화장실이 공용이다.

## 호텔

최고의 관광 도시인 만큼 10만 원대의 호텔부터 수백만 원대의 호텔까지 다양한 종류의 호텔이 있다. 요즘은 호텔 예약 사이트에서 가격 비교도 해주고, 한국어 지원도 하기 때문에 원하는 호텔을 쉽게 찾을 수 있다. 가끔 특가로 좋은 호텔을 싼 가격에 예약할 수도 있고, 성수기가 아니라면 가성비 좋은 중저가 호텔도 예약할 수 있다. 참고로 뉴욕에는 4~5명의 가족이 함께 묵을 수 있는 호텔이 많으니, 가족이나 친구들과 왔다면 호텔을 이용해보는 것도 좋다. 비수기에는 4~5명이 1박에 20만 원 남짓한 금액으로 잘 수 있다. 또한 미국의 호텔들은 전자레인지가 방에 있거나 렌트를 할 수 있는 곳들이 많아서 한인마트에서 사 온 음식으로 아침을 해결하기도 좋다.

@ **예약 사이트**

www.hotelscombined.com
www.booking.com
www.hotels.com
www.agoda.com

★★★★★
GOOD 호텔 서비스(어메니티, 청소 등)를 받을 수 있다. 프라이버시와 안전이 보장되는 나만의 공간을 가질 수 있다.

★☆☆☆☆
B A D 가격이 천차만별이다. 시내 중심가로 갈수록 비싸다.

## 호스텔

전 세계 여행객들을 만나고 경험할 수 있다는 점에서 호스텔 이용은 뉴욕을 색다르게 여행하는 한 방법이 된다. 가격이 싸고 위치가 좋은 호스텔은 거의 없지만 그래도 찾아보면 가격 대비 위치와 룸 컨디션이 좋은 호스텔이 있긴 하다. 물론 예약이 그만큼 어렵다. 호스텔은 보통 혼자 여행하는 사람들이 도미토리 형식의 방에 묵게 된다. 2인실이 없는 건 아니지만 가격이 호텔이나 한인 민박 못지 않으므로 세계 여러 나라 사람들과 교류하기 위함이 아니라면 다른 숙박시설에 묵는 것이 낫다.

@ **예약 사이트**

www.hostelworld.com
www.hostels.com

★★★★★
GOOD 도미토리룸에서 저렴하게 묵을 수 있다. 세계 여러 나라 사람들과 교류할 수 있다. 외국에 나온 느낌이 물씬 난다.

★☆☆☆☆
B A D 화장실과 욕실이 대부분 공용이다. 영어를 못하면 약간 뻘쭘(?)할 수 있다.

# 출국에서 입국까지

## 출발

### 1 탑승 수속
인천공항에는 터미널 1, 2가 있으니 탑승할 항공사가 어디에 있는지 미리 확인한 뒤 출발하자. 요즘은 '얼리 체크인'이라고 해서 인터넷으로 체크인을 할 수도 있고, 항공사에 따라 모바일 티켓을 받을 수도 있다. 구매 시 좌석 지정을 할 수 없는 표들도 얼리 체크인 때는 가능하니 참고한다.

 **면세점 선불카드 이용**
비행기표를 구매하면서 받은 면세점 선불카드를 활용해서 물건을 구매하면 좋다. 환전소나 로밍 센터 앞에도 할인쿠폰들이 있으니 미리 챙겨놓자. 면세점 선불카드는 1달러 이상 구매하면 1만 원짜리를 주므로 싼 물건을 하나 구입하고 받으면 된다.

### 2 수하물 위탁
국적기의 미주 구간은 보통 23킬로그램의 수하물을 2개까지 허용하지만 수하물 규정은 항공사마다 다르므로 미리 체크한다.

### 3 보안 검색과 출국 수속
자동출입국심사 시스템이 생기면서 출국 시간이 줄어들었다. 주민등록증이 있는 만 19세 이상의 국민은 별도의 절차 없이 이용할 수 있으며, 만 7~19세 이하는 사전에 등록을 해야 이용할 수 있다. 요즘은 비행기를 타기 전 교통국 인터뷰를 해야 하니, 미국에 가려면 조금 일찍 출발하는 것이 좋다. 제3국에서 환승할 경우에는 경유지에서 영어로 인터뷰가 진행된다. 그리 어렵지는 않으니 기본 표현만 잘 익혀서 가자.

## 도착

### 1 입국 심사
미국의 입국 심사는 까다롭기로 유명하다. 여권과 입국신고서, 비자나 ESTA, 그리고 돌아갈 비행기 티켓을 준비하고, 방문 목적과 기간, 체류할 호텔 등을 영어로 대답할 수 있도록 연습하자. 질의 응답이 끝나면 지문 스캔과 얼굴 사진을 찍는다. 입국 심사관이 여권에 붙여준 입국신고서는 떼지 말고 잘 보관해야 한다.

### 2 수하물 찾기
입국 심사를 통과하면 Baggage Claim이라는 사인을 따라간다. 전광판에 자신이 타고 온 비행기 편명과 수하물 컨베이어 번호가 뜨니 그대로 찾아가면 된다.

### 3 세관 신고
미리 작성한 세관신고서를 제출하고 들어가면 된다. 무작위로 가방을 열어보는 경우가 있으니 절대 거짓말로 적지 않는다.

### 🕧 장거리 비행 팁

인천공항에서 뉴욕 JFK 공항까지는 직항으로 14시간이 걸린다. 우리나라 장거리 노선 중 최장 구간이다. 비지니스 석이나 퍼스트 석을 탄다면 상관없지만 이코노미 석에서 14시간을 버티는 건 쉽지 않다. 최대한 좋은 컨디션을 유지하게 돕는 몇 가지 방법을 소개한다.

- 무조건 편한 옷을 입는다. 꽉 끼는 옷이나 청바지 등은 피하고 신발도 발이 붓는 것을 대비해 넉넉하고 편안한 것을 신는다.

- 소식한다. 장거리 비행시 승무원이 내오는 기내식을 다 먹으면 3700칼로리를 섭취하게 된다고 한다. 가만히 앉아 있는 상태에서 기압이 오르면 소화가 잘되지 않는다는 점에 주의하자.

- 수시로 수분을 보충한다. 비행기 안은 건조한 데다 좌석도 편하지 않아 면역력이 떨어지기 쉽다. 화장실에 가기 귀찮더라도 가능한 한 물을 자주 마시자.

- 안대, 목베개, 기내 슬리퍼를 가져 가자. 보통 안대와 슬리퍼, 베개는 승무원에게 요청하면 받을 수 있지만 우리가 다 아는 목베개는 없다. 가져 가면 잘 때 목을 가눌 수 있어 매우 편안하다.

- 틈틈이 스트레칭을 한다. 자주 통로를 걷거나 화장실 앞 공간에서 스트레칭을 하자. 손발이 붓는 것을 방지하고 혈액순환에도 좋다. 창가쪽이나 중간 좌석이어도 양해를 구하고 움직이자.

- 기내식에도 특별식이 있다. 채식주의자식, 당뇨식, 저칼로리식, 과일식 등 다양하다. 24시간 전에 항공사에 신청하면 받을 수 있다.

- 장거리 비행시 수면과 시차 적응을 위해 멜라토닌 제제를 챙기자. 멜라토닌은 '암흑의 호르몬'이라고 불리는 수면 유도 호르몬이다. 우리가 밤에 잠이 온다고 느끼는 것도 이 멜라토닌 덕분인데, 비행기에서 잠을 자고 싶거나 내려서 시차 적응이 안 될 때 먹으면 도움이 된다. 호르몬이라 중독성이 없어 약국이 아닌 곳에서도 구입할 수 있다.

# 공항에서 시내로

뉴욕에서는 관광지 아닌 곳에서도 NYPD New York City Police Department를 어렵지 않게 볼 수 있다. 기본적인 안전은 지켜지는 곳이지만 전 세계 관광객이 오가는 만큼 가방이나 짐 관리에 유의한다. 터미널에서 나오면 짐을 들거나 카트를 끌어주며 친절을 베푸는 사람들이 있는데 돈을 요구하는 사람이거나 호객꾼일 수 있으니 여지를 주지 말자.

## 택시 타기

뉴욕의 상징인 Yellow Cab도 이제 옛말이다. 요즘 뉴욕에서는 택시보다 우버가 더 대중화되어 있다. 하지만 스마트폰 앱으로 부르는 우버가 익숙치 않다면 택시를 타고 시내로 가면 된다. 비싸지만 편리하게 이동할 수 있다는 게 택시의 최대 장점이다. 택시 요금 외에 공항에서 맨해튼 시내로 들어갈 때 필요한 톨비Toll Fee와 약간의 팁은 따로 줘야 한다. 짐이 있다면 팁은 1개당 1달러를 준다. 한인택시를 탈 수도 있는데, 보통 공항에서 시내까지 요금이 정해져 있으므로 여기에 톨비와 팁을 추가해서 지불하면 된다.

## 우버 타기

전 세계적으로 유행하는 공유경제를 택시에 적용한 것이 바로 우버이다. 우버의 좋은 점은 바가지 요금이나 관광객을 속이고 멀리 길을 돌아갈 수 없다는 것이다. 우버 앱을 깔고 목적지를 입력한 다음 우버를 부르면, 근처에 있는 차 중에 콜에 응답하는 기사가 GPS로 위치를 전송받아 오게 되는데 교통상황을 고려해 대략의 요금이 미리 뜬다. 다만 우버를 부르고 나서 취소하면 5달러의 벌금을 물어야 하니 조심하자. 내릴 때 우버 기사를 평가하는 별점을 표시할 수 있고 온라인으로 팁도 줄 수 있다.

> **tip** 우버 이용법
> 1 미국 유심을 끼우고 사용할 휴대폰 번호를 받는다.
> 2 우버 앱을 깐다.
> 3 아이디와 신용카드를 등록한다.
> 4 목적지를 입력한다.
> 5 콜에 응답하는 우버 차의 정보와 기사 정보, 대략적인 요금이 전송된다.
> 6 부른 자리에서 차가 오기를 기다린다.

## 공항 셔틀을 타고 시내 가기

공항과 시내를 오가는 밴이나 셔틀버스를 말한다. 미리 예약하면 고객이 있는 곳에 와서 공항으로 데려다주거나 공항에서 숙소로 데려다준다. 다만, 혼자 이용하는 택시와 달리 여러 사람이 같이 이용하므로 동선에 따라 순서대로 내려준다. 사람이 많이 탈 경우 1~2시간까지도 걸릴 수 있다. 택시를 타기엔 비용이 비싸고, 그렇다고 짐을 들고 대중교통을 이용하기엔 번거로울 때 요긴하다. 픽업 시간은 신청자 수에 따라 달라지며, 앱이나 문자를 통해 차량의 위치를 확인할 수 있다.

@ www.supershuttle.com
@ www.airlinknyc.com

## 지하철 타고 시내 가기

에어트레인Air Train은 공항터미널을 지나 지하철 역까지 운행하므로 여기서 환승해 지하철을 타고 숙소까지 가면 된다. 가장 저렴하게 시내까지 갈 수 있는 방법이지만, 짐이 무겁다면 계단이 많은 뉴욕의 지하철은 권하지 않는다.

---

 **다른 도시로의 이동**

### 버스

뉴욕에서 보스턴이나 워싱턴 D.C.까지는 4시간 정도면 갈 수 있다. 버스는 그레이하운드www.greyhound.com, 볼트www.boltbus.com, 메가버스www.megabus.com 등이 있다. 날짜와 도시, 인원 수를 입력하고 신용카드로 결제하면 이메일로 티켓을 보내준다. 이외에도 각종 버스들을 한 번에 검색해 예약하는 사이트가 있어서 편리하게 이용할 수 있다.
@ gotobus.com, checkmybus.com, wanderu.com

### 비행기

미국은 워낙 땅이 넓다 보니 비행기를 저렴한 가격에 여러 도시로 이동하는 데 이용할 수 있다. 가장 빠르고 편리하게 이동할 수 있으니 짧은 여행이라면 비행기를 타는 것이 낫다. 비행기 티켓은 미국 내에서는 오비츠, 카약, 익스피디아, 스카이스캐너 등에서 저렴하게 구매할 수 있다.
@ www.orbitz.com, www.kayak.com, www.expedia.com, www.skyscanner.com

### 기차

미국은 철도 시스템도 잘 갖춰져 있다. 비행기보다는 오래 걸리지만 공항까지 가는 시간과 짐 검색 시간을 줄일 수 있고, 비행기보다 저렴한 가격에 쾌적하게 여행할 수 있다. 암트랙Amtrak이라는 미국 철도 사이트에서 예약하면 된다. 학생은 학생카드를 만들면 더 저렴하다.
@ www.amtrak.com

# 시내 교통 이용법

뉴욕 여행에서 가장 많이 이용하는 대중교통은 단연 지하철이다. 웬만한 곳은 지하철로 다 다닐 수 있을 만큼 촘촘히 놓여 있다. 뉴욕 지하철은 1904년에 개통되었으니 100년이 훌쩍 넘은 역사를 가지고 있다. 오래된 데다 24시간 운행하고 있어 낡고 지저분하긴 하지만 이동 수단으로 지하철만큼 편리한 게 없다. 지하철은 메트로 카드를 구입해서 사용한다.

## 메트로 카드

뉴욕 지하철 카드를 말하며, 버스에도 이용할 수 있다. 매표소와 자동판매기에서 현금이나 카드로 구입할 수 있다. 금액을 충전해서 사용하는 카드와 기간에 따라 무제한 사용할 수 있는 카드로 나누어진다.

**Single Ride(일회권)**: 3달러로 2시간 이내에 다른 노선이나 버스로 환승할 수 있다.

**Unlimited Ride(무제한권)**: 7일권과 30일권이 있다. 관광객에게 매우 유용하다.

**Pay-per-ride(정액권)**: 5달러 이상 충전해야 하고, 카드 구입 비용 1달러가 추가된다. 원하는 금액을 충전해서 사용하는 카드로 한 번 사용할 때마다 2.75달러가 차감된다.

## 지하철 이용 시 주의사항

**1** 업타운 행과 다운타운 행의 출입구가 다른 역들이 있다. 우리나라 지하철은 일단 역에 들어가면 상행선과 하행선이 같이 있지만 뉴욕 지하철은 출입구가 아예 다른 경우가 있으니 타기 전에 살펴봐야 한다. 안 보고 무심코 탔다가는 시간 버리고 괜한 돈만 쓰게 된다.

**2** 같은 플랫폼에 여러 개의 다른 노선이 다닌다. 우리나라처럼 각 노선별로 타는 곳이 다르지 않다. 따라서 지하철이 오면 무턱대고 타기 전에 무슨 노선인지 정신차리고 봐야 한다. 완행Local과 급행Express이 있는데, 급행은 빨리 가지만 모든 역에서 정차하지 않으므로 자신이 하차할 역이 급행 역인지 확인하고 타야 한다.

**3** 핸드폰이 안 터진다. 물론 인터넷도 안 된다.

**4** 역에 화장실이 없다. 볼일이 급하다고 역으로 가면 낭패를 보게 된다.

**5** 선로가 많이 지저분하다. 믿을 수 없겠지만 이따금 쥐도 출현하니 놀라지 말자.

## 버스

버스는 뉴욕 시내를 구경하며 이동할 수 있어 좋지만, 워낙 교통 체증이 심하고 배차 간격도 변수가 있어서 관광객은 자주 이용하기 어렵다. 하지만 어떤 구간에서는 버스가 지하철보다 나은 경우가 있으니 사용법을 익혀두자. 버스비는 메트로 카드를 사용하거나 현금으로 2.75달러를 내면 되는데, 버스기사는 잔돈이 없으므로 정확한 돈을 지불해야 원치 않는(?) 기부를 막을 수 있다. 맨해튼 버스 노선은 앞에 M으로 시작하고 www. mtabusline.com에서 실시간 버스 위치를 확인할 수 있다.

## 택시

뉴욕의 택시는 우리나라처럼 미터기로 요금을 계산한다. 내릴 때 10달러 이하이면 1달러의 팁을 주고, 10달러 이상이면 요금의 15퍼센트 정도를 팁으로 준다.

## 우버

우버 본사에서 거리와 교통상황을 기준으로 책정한 요금을 미리 제공한 신용카드로 지불해 이용한다. 앱을 깔고 내가 가고 싶은 목적지를 입력하면 우버 앱이 내가 있는 위치를 파악해서 근처의 우버를 불러준다. 목적지를 앱에 입력하는 방식이라 영어가 안 되도 걱정이 없다. 요즘은 관광객들도 많이 이용하며, 요금은 일반 택시보다 싸다.

## 렌트카

뉴욕 시내는 비싼 주차요금과 심한 교통 체증, 여기에 일방통행 길이 많아 운전을 그다지 권하지 않지만 여러 명이 우드버리 아웃렛을 간다면 한번 생각해볼 만하다. 한국에서 국제운전면허증을 준비해 가고, 보험은 완전 면책Full Protection을 들어서 혹시 모를 사고에 대비하자. 렌트가 부담스럽다면 Zip Car 같은 시간제 렌트카도 고려해본다.

**tip** **뉴욕의 길 찾기**

뉴욕은 로어 맨해튼을 제외하고는 대부분의 지역이 바둑판 무늬의 그리드를 가진다. 약속 장소를 정할 때나 건물 위치를 설명할 때 일반적으로 주소보다 스트리트와 애비뉴로 말하니, 그 방법을 익혀둘 필요가 있다. 수직(상하)으로 된 길을 애비뉴Avenue라고 하고, 수평(좌우)으로 난 길을 스트리트Street라고 한다. 스트리트는 아래에서 위로 갈수록 숫자가 커지고 애비뉴는 오른쪽에서 왼쪽으로 갈수록 커진다. 예를 들어 엠파이어 스테이트 빌딩의 주소는 '350 5th Ave.'이지만, '5th avenue and 34th street'라고 말하는 것이 서로 이해하기 쉽다. 한편, 내가 묵으려는 숙소의 주소가 '20 W 29th St., New York'이라면, 이것은 29th street의 20번지라는 말인데 번지를 나누는 기준은 5번가이므로 5번가에서 서쪽으로 20번째에 있다는 말이다.

# 뉴욕 여행 시 유용한 패스

뉴욕에는 관광객을 위한 몇 가지 패스Pass가 있다. 현장에서 그때그때 티켓을 구매해도 되지만 동선을 어느 정도 정했다면 패스를 이용하는 것이 시간과 비용을 절감할 수 있다. 아래는 입장료를 내야 하는 관광 명소들을 몇 개 묶어서 할인 가격에 판매하는 패스들로, 장소에 따라 줄을 서지 않고 입장하는 것도 있다. 2018년 3월부터는 메트로폴리탄 뮤지엄에도 기부 입장이 사라졌으니 패스를 사야 할 이유가 하나 더 늘었다. 우리나라 사이트에서도 구매 대행을 해주니 미리 준비하고 가자.

| | 시티 패스<br>City Pass | 뉴욕 패스<br>New York Pass | 익스플로러 패스<br>Explorer Pass |
|---|---|---|---|
| 홈페이지 | @ www.citypass.com/new-york | @ www.newyorkpass.com | @ www.smartdestinations.com/new-york-attractions-and-tours |
| 특징 | • 첫 개시 후 9일 이내에 총 6곳 방문 가능<br>• 10개 중 3곳 필수 방문<br>• 가격이 저렴 | • 총 90곳 방문 가능<br>• 1, 2, 3, 5, 7, 10일권 있음<br>• 빅버스 1일권을 받을 수 있음 | • 30일 이내에 82곳 중 3, 5, 7, 10곳을 선택해 구매<br>• 장소의 개수를 지정해 나만의 패스를 만들 수도 있음 |
| 가격 | 성인 $126<br>어린이 $104 | 날짜에 따라 다름 | 장소의 개수에 따라 다름 |
| 장단점 | • 단기여행자에게 적합<br>• 필수 방문지가 꼭 가고 싶다면! | • 장기여행자에게 적합<br>• 시티투어 버스를 탈 계획이라면! | • 한 달 이하의 장기여행자에게 적합<br>• 장소 선택의 폭이 넓음. 투어도 들을 수 있지만 영어로만 진행되므로 영어에 자신 있다면 도전! |

# 뉴욕 여행의 필수 앱

## 구글맵 Google Map

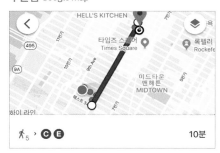

이것만 있으면 뉴욕 어디든 갈 수 있다. 네비게이션 기능이 있어 운전도 가능하다. 대중교통 이용 시에도 지하철이나 열차 시간표까지 알 수 있어서 편리하다.

## 옐프 Yelp

초록창에서 찾은 뉴욕 맛집을 가니 식당에 전부 한국 사람들뿐이라 실망했다는 말을 종종 듣는다. 그런 사람에게 추천하는 앱이 바로 옐프. 뉴욕 현지인이 가는 맛집은 여기에서 찾으면 된다. 옐프는 위치를 기반으로 해서 주변에 별점이 높은 식당들을 알려주는 앱으로, 카테고리를 고르면 그 식당의 별점, 리뷰 개수와 가격 등의 정보를 알려준다. 별점은 일반 고객들이 매기는 것이라 신뢰도가 높다.

## 오픈 테이블 Open Table

유명한 식당일수록 예약을 하지 않으면 자리 잡기가 힘든데, 영어를 못해도 오픈 테이블 앱을 통해 식당을 예약할 수 있다. 예약이 되면 알림 메시지가 오므로 편리하다.

### 이용 방법

1 인원 수와 식당 이름, 지역을 입력

2 예약이 가능한 시간이 나오면 원하는 시간을 선택

3 특별한 날(Occasion)이라면 어떤 날인지 입력(생일, 기념일, 데이트 등)

4 이메일로 받기(Receive Restaurant Emails) 버튼을 누르면 이메일로 예약 내용 전달. 예약(Reserve) 버튼 클릭!

## 우버 Uber

영어를 못해도 택시를 탈 수 있고 내릴 때 돈을 지불할 필요가 없으니 편리하다.

## 날씨 채널 Weather Channel

실시간 정확한 날씨 정보로 여행자의 걱정을 덜어준다.

# 미리 보는 미국 문화

한국에 살면서 예의 없는 관광객 때문에 눈살을 찌푸린 경험이 한 번쯤 있었을 것이다. 외국 여행에서는 반대로 내가 다른 사람을 불편하게 하는 여행자가 될 수 있음에 주의하자. 미국, 특히 뉴욕은 전 세계에서 수많은 여행자들이 모여드는 곳이다. 본의 아니게 피해를 주거나 괜한 곤란을 겪지 않도록 미국에서 통용되는 매너와 에티켓을 알아두자.

### 인사

미국 사람들은 어디서든 만나면 일단 인사부터 한다. 엘리베이터에서 눈이 마주쳤을 때 살짝 미소를 짓는다거나 아침에 조깅할 때 눈이 마주치면 'Good morning'이라고 인사한다. 그럴 때는 모르는 사람이라고 당황하지 말고, 똑같이 'Good morning' 하거나 'Hello' 하고 웃으며 답인사를 건넨다. 인사 뒤에 'How are you?'라고 물으면 Good, Fine, Great 중에서 골라 답하면 된다.

### 매너를 완성하는 마법의 단어들

영어에는 마법의 단어가 있다. 바로 Excuse me, Thank you, Sorry이다. 이 세 단어만 잘 써도 지켜야 할 매너의 절반은 완성된다.

### 'Excuse me'

이것만큼 모든 상황에 쓸 수 있는 말이 없다. 어조에 따라 다양한 표현이 가능해서 마법의 단어 중에서 단연 1등

이다. 다음의 상황에서 각각 어떤 의미를 지니는지 알아보자.

- 식당에서 종업원을 부를 때: 우리말로는 '여기요!' 정도에 해당된다.
- 길을 가로막고 있는 사람에게 비켜달라고 할 때: 우리말로는 '잠깐만요, 길 좀 비켜주시겠어요?'의 의미로 쓸 수 있다. 몸에 손을 대지 말고 꼭 'Excuse me'를 사용하자.
- 말을 시키거나 질문을 하기 전에: 낯선 사람에게 길을 묻거나 말을 걸 때는 이 말로 시작하면 된다. '실례하지만……'의 의미로 쓸 수 있다.
- 재채기나 트림을 하고 나서: 어쩔 수 없는 생리현상 전이나 후에 미국 사람들이 양해를 구한다는 의미로 꼭 말한다. 만약 옆사람이 재채기를 하면 'Bless you'라고 해준다. 재채기로 복이 나간다고 믿기 때문이다.

### 'Thank you'

미국인들은 입에 'Thank you'를 달고 산다고 해도 과언이 아니다. 식당에서 종업원이 내 부탁을 들어주었을 때나 택시에서 내리면서 잔돈을 받을 때, 누군가 문을 열어 잡아주었을 때, 아주 작은 호의라도 받았을 때는 Thank you를 해야 한다.

### 'Sorry'

길을 지나가다 누군가의 어깨를 살짝 건드렸거나 닿았을 때, 실수로 작은 잘못을 저질렀을 때 자주 사용한다.

## 개인 간의 거리

미국인들은 개인적인 공간을 매우 중요하게 생각한다. 만원 지하철 안처럼 어쩔 수 없는 경우가 아니라면 공적인 공간에서도 일정 거리 이상 가까이 가지 않는 게 좋다. 친밀한 관계가 아닌데 가까이 가면 자신도 모르게 뒤로 물러서는 미국인의 모습을 보게 될 것이다. 사회적인 관계, 개인적인 관계, 친밀한 관계에 따라 가까이 갈 수 있는 거리가 있다. 줄을 설 때에도 너무 바싹 뒤에 서지 않도록 주의한다.

## 미국의 팁 문화

미국을 여행할 때 우리에게 익숙하지 않은 것이 바로 팁 문화이다. 호텔에서 직원이 짐을 옮겨줄 때, 택시에서 내릴 때, 리무진이나 셔틀버스에서 기사가 캐리어를 내려줄 때, 호텔 직원이 택시를 잡아줄 때, 객실 청소를 해주었을 때처럼 작은 서비스를 받았을 때 주어야 한다. 대신 패스트푸드점처럼 셀프서비스를 하는 곳에서는 팁을 줄 필요가 없다. 여행 가서 팁을 많이 주게 되는 곳은 단연 식당이다. 음식값 외에 소비세와 팁까지 내야 하니 부담스러울 수 있겠지만 테이블 서비스값이니 너무 인색하게 굴지는 말자. 보통 음식값의 15~20퍼센트 정도를 팁으로 주며, 점심보다는 저녁을, 평일보다는 주말에 조금 더 준다. 이때 팁은 현금 또는 신용카드로도 줄 수 있다.

---

**tip** 현지 여행 정보

**시차** 뉴욕은 한국보다 14시간 느리다. 단, 서머타임 기간인 3월 둘째 주 일요일부터 11월 첫째 주 일요일까지는 1시간 앞당겨져 13시간 차이가 난다.

**날씨** 사계절이 있지만, 섬이다 보니 아무래도 더 변덕스럽다. 옷은 우리나라 계절과 비슷하게 챙겨 가면 된다.

**전압** 110볼트를 사용하니 돼지코를 가져 가는 것이 좋다.

**도량형** 우리나라처럼 표준 도량형을 사용하지 않아 당혹스러울 때가 있다. 거리는 킬로미터(km)가 아니라 마일(mile)로, 부피는 리터(l)가 아니라 갤런(gal)으로, 키와 몸무게는 센티미터(cm)와 킬로그램(kg)이 아니라 피트(ft)와 파운드(lb)로 표시한다. 그뿐 아니라 날씨를 말할 때도 섭씨(℃)가 아니라 화씨(℉)로 말한다.
1mile → 1.6km, 1feet → 30.38cm, 1oz → 28.35g
1lb → 453.6g, 1gal → 3.7853l, 32℉ → 0℃, 100℉ → 37.8℃

**음주** 미국의 음주 연령은 만 21세로 우리나라보다 높으며, 술을 사거나 술집을 출입할 때는 신분증을 확인한다. 또한 많은 주에서 공공장소나 야외(공원, 해변, 경기장, 길거리 등)에서의 음주를 금지하고 있으니 아무데서나 술을 마시면 안 된다.

**소비세** 물건을 사거나 음식을 먹을 때 소비세가 붙는다. 뉴욕주의 경우는 8.875퍼센트가 더해진다. 단, 식료품이나 110달러 이하의 의류와 신발에는 세금이 붙지 않는다.

# A Walk in New York

## 지금 바로 뉴욕

"New York walking isn't exercise; it's a continually showing make-your-own movie."
뉴욕을 걷는 것은 운동이 아니다. 끊임없이 당신만의 영화를 상영하는 것이다.
_ 로이 블라운트 주니어

여행 코스를 보면 그 사람이 어떤 사람인지 알 수 있다.
많은 곳보다는 좋아하는 곳을 골라보자. 다 가보지 못했다고 실망하지 말자.
다시 올 이유 하나쯤 남겨두는 것도 우리를 설레게 한다.

# 기간에 따른 일정

**①** 5박 7일

일주일 일정으로도 열심히 다니면 뉴욕을 다 둘러볼 수 있다. 물론 그러려면 동선을 효율적으로 짜야 한다. 모든 곳을 다 갈 수는 없으니 꼭 봐야 할 곳을 위주로 짜되, 겉핥기 식으로 돌아보는 것은 피하도록 한다. 자유여행은 많은 곳을 보는 여행이 아니라 내가 좋아하는 곳을 보는 여행이라는 점을 기억하자.

**Day·1**

911 메모리얼 & 박물관(56p) ····▶ 브룩필드 플레이스(67p) ····▶ 센추리 21(68p) ····▶ 브루클린 브리지(62p)

**Day·2**

그랜드 센트럴 터미널(90p) ◀···· UN 본부(89p) ◀···· 배터리 파크(64p) ◀···· 월 스트리트(63p)

**Day·3**

메트로폴리탄 박물관(110p) ····▶ 센트럴 파크(108p) ····▶ MoMA(80p) ····▶ 세인트 패트릭 대성당(88p)

브라이언트 파크(91p) ····▶ 록펠러 센터(84p) ····▶ 타임스 스퀘어(76p) ····▶ 브로드웨이 뮤지컬 관람(78p)

*Day·4*

워싱턴 스퀘어 파크(131p) ◀···· 그리니치 빌리지(130p) ◀···· 첼시 마켓(124p) ◀···· 하이 라인 파크(126p)

*Day·5*

재즈 공연 관람(203p) ····▶ 소호 앤 놀리타(154p) ····▶ 매디슨 스퀘어(164p) ····▶ 플랫아이언 빌딩(166p)

엠파이어 스테이트 빌딩 야경 관람(140p) ◀···· 한인타운(138p)

## ② 9박 11일

멀리까지 왔으니 일정 후반부에는 1박 2일 일정으로 뉴욕 근교의 도시에 가보자. 버스나 기차, 비행기로 갈 수 있는 보스턴이나 워싱턴 D.C.에도 볼거리, 즐길 거리가 많다. 근교에 가지 않는다면 내가 좋아하는 곳에서 조금 더 여유 있게 시간을 보내자. 미술관이나 박물관에서 작품을 관람하는 시간을 조금 더 길게 잡아도 좋겠다.

*Day·1*

911 메모리얼(56p)  ···▶  브룩필드 플레이스(67p)  ···▶  센추리 21(68p)  ···▶  브루클린 브리지(62p)

*Day·2*

그랜드 센트럴 터미널(90p)  ◀···  우드베리 아웃렛(103p)  ◀···  배터리 파크(64p)  ◀···  월 스트리트(63p)

*Day·3*

타임스 스퀘어(76p)  ···▶  브로드웨이 뮤지컬 관람(78p)  ···▶  UN 본부(89p)  ···▶  메트로폴리탄 박물관(110p)

**Day·4**

센트럴 파크(108p)

MoMA(80p)

세인트 패트릭 성당(88p)

브라이언트 파크(91p)

**Day·5**

그리니치 빌리지(130p)

첼시 마켓(124p)

하이 라인 파크(126p)

록펠러 센터(84p)

**Day·6**

워싱턴 스퀘어 파크(131p)

재즈 공연 관람(203p)

소호(154p)

매디슨 스퀘어(164p)

엠파이어 스테이트 빌딩
야경 관람(140p)

5번가(74p)

한인타운(138p)

플랫아이언 빌딩(166p)

**Day·7**

덤보(182p) ┄┄▶ 바쿠(185p) ┄┄▶ 블루 보틀(184p) ┄┄▶ 버드(186p)

**Day·8**

링컨 기념관(204p) ◀┄┄ 웨스트라이트(182p) ◀┄┄ 마스트 브라더스(191p) ◀┄┄ 베드포드 치즈 숍(187p)

백악관(205p) ┄┄▶ 국회의사당(206p) ┄┄▶ 조지 타운(206p) **or** 내셔널 몰(205p)

**Day·9**

**Day·9**

다이노소어 BBQ(202p) ◀┄┄ 세인트 존 더 디바인 대성당(201p) ◀┄┄ 국립미술관(205p) ◀┄┄ 항공우주박물관(205p)

리버사이드 교회(201p) ┄┄▶ 클로이스터스(198p) ┄┄▶ 자연사 박물관(114p)

# 취향에 따른 일정

### Attractions

**여행은 구경이라고 생각하는 당신**
타임스 스퀘어, 자유의 여신상, 월 스트리트 주변의 역사 유적지, 그라운드 제로, 엠파이어 스테이트 빌딩, 센트럴 파크, 메트로폴리탄, 모마, 할렘 등 유명 관광지를 중심으로 계획을 짠다.

### Arts & Museum

**미술과 예술에 관심이 많은 당신**
메트로폴리탄, 구겐하임, 모마, 자연사 박물관, 휘트니 미술관, 노이에 갤러리 등 박물관과 미술관의 위치를 파악한 다음 근처에서 식사하고 관광 일정을 짜보자.

### Show

**생생한 공연을 직관하고 싶은 당신**
뉴욕 하면 떠오르는 곳 중 하나가 브로드웨이다. 명성에 걸맞는 화려한 공연은 당신의 가슴을 요동치게 할 것이다. 이외에도 링컨 센터, 카네기 홀, 라디오 시티 뮤직홀, 아폴로 극장 등에서도 공연을 즐길 수 있다.

### Shopping

**쇼핑으로 비행기값 빼고 싶은 당신**
사고 싶은 것들을 먼저 정리한 다음 알맞은 장소를 찾아보자. 명품 쇼핑은 우드베리 아웃렛에서, 유럽과 중저가 명품은 센추리 21에서, 간단한 선물이나 저렴한 할인 쇼핑은 티제이 맥스나 마셜스가 좋다. 5번가와 플랫아이언 빌딩 근처의 레이디스 마일도 여유롭게 쇼핑하기 좋다.

### Food

**먹는 게 남는 거라고 생각하는 당신**
뉴욕에서는 세계 각국의 음식들을 마음껏 즐길 수 있다. 소호 & 놀리타의 이탈리아 음식을 비롯해 차이나타운, 한인타운에서도 먹을 수 있고, 베트남 음식, 타이 음식, 인도 음식, 멕시코 음식 등도 유명한 식당이 많다. 유럽 음식점과 디저트 숍도 특별하니 먹고 싶은 음식부터 정리하고 근처에 갈 만한 관광지가 있는지 찾아보자.

### Education

**배우고 남기고 싶은 당신**
뉴욕에는 아이 교육 차원에서 오는 여행객들도 많다. 줄리어드 음대, 컬럼비아 대학, 뉴욕 대학, 프린스턴 대학 등 명문 대학들이 많아서다. 미국 대학들은 투어 프로그램을 무료로 운영하고 있어서 유용하다.

# A Walk in New York

# *Lower Manhattan*

# ⟨1⟩ *Lower Manhattan* 로어 맨해튼

### 아메리칸 드림을 품은 미국의 역사가 시작된 곳

맨해튼의 남쪽이라 하여 '로어 맨해튼'이라고 부르는 이곳에서 뉴욕의 역사가 시작되었다. 아메리칸 인디언들이 살던 이 땅을 콜럼버스가 발견한 뒤 유럽 사람들이 새로운 꿈을 안고 수개월의 항해 끝에 도착했다. 로어 맨해튼은 트라이베카Tribeca와 파이낸셜 디스트릭트Financial District를 포함한 지역을 말하는데, 트라이베카는 커낼 스트리트 아래에 있는 삼각형 모양의 지역을, 파이낸셜 디스트릭트는 우리가 잘 아는 월 스트리트가 있는 지역을 가리킨다. 트라이베카는 셀럽들이 사는 고가의 아파트와 레스토랑, 부티크가 모여 있는 부촌으로 알려져 있는데, 이 지역을 살리는 데 큰 공헌을 한 사람이 바로 로버트 드니로이다. 9.11 테러 이후 여러 가지 어려움에 직면한 로어 맨해튼을 살리고자 '트라이베카 필름 페스티벌'을 개최하여 지역 활성화에 이바지했다(911 박물관의 오디오 가이드가 로버트 드니로의 목소리이다).

월 스트리트는 세계 금융 및 비지니스의 수도이다. 이곳의 증시가 휘청이면 전 세계 경제가 휘청할 정도이니, 그 위력이 새삼 놀랍다. 바다가 교역의 중심이던 19세기에는 양 옆이 바다인 로어 맨해튼이 미국 경제의 중심이 될 수밖에 없었다. 시카고까지 이어지는 이리 운하와 철도의 개통은 맨해튼을 명실상부한 무역 중심지로 만들었다.

911 메모리얼과 박물관, 원 월드 전망대, 센추리 21, 브룩필드 플레이스 등을 둘러보고 브루클린 브리지를 해 질 녘에 걸어보자. 체력이 된다면 아래쪽으로 내려가 뉴욕 증권 거래소와 페더럴 홀 국립기념관, 배터리 파크를 지나 자유의 여신상까지 둘러봐도 좋다.

# *911 Memorial* 911 메모리얼

*Information*

📍 180 Greenwich St., New York, NY 10007
🚇 1 line, Rector station / R line, Cortland station

🕐 09:00~20:00
@ www.911memorial.org

당신을 잊지 않고 기억하겠습니다_부재의 반추

2001년 9월 11일 화요일 아침, 오사마 빈라덴이 이끄는 알카
에다의 테러리스트에 의해 납치된 비행기 두 대가 맨해튼의 심
장, 월드 트레이드 센터에 차례로 충돌했다. 이날의 자살테러로
110층 건물 2개가 순식간에 무너졌고, 전 세계 사람들은 TV 생
중계로 그 비극을 지켜봤다. 누구도 예상하지 못했던 테러로 건물
에 있던 사람들과 소방대원 등 약 3,000여 명이 목숨을 잃었다.
9.11 테러 이후 더 크고 아름다운 무역센터를 짓자는 의견도
있었지만 뉴욕시는 그 자리를 보존하여 그 사건을 기억하고 추
모하기로 했다. 2002년, 전 세계에서 응모한 5,000여 개의 추
모공원 설계 작품 중 이스라엘 출신 건축가 마이클 아라드와
피터 워커의 '부재의 반추Reflecting Absence'가 당선되었고,
2011년 9월 11일 월드 트레이드 센터가 있던 자리에 커다란
인공 풀Pool 2개가 설치된 추모공원이 개관되었다.

이 기념관은 멀리서 보면 나무가 많은 평범한 도심 공원처럼 보
인다. 하지만 근처로 가면 끝을 알 수 없는 심연 속으로 떨어지
는 물줄기 소리만 들린다. 분당 1만 리터의 물이 떨어져 거대한
중심부로 빨려 들어가듯 사라지는 것은 그날 희생된 사람들을
의미하고, 쉼 없이 떨어지는 물줄기는 희생자 가족들의 눈물을
상징한다고 한다.

인공 풀 주변을 둘러싼 철제 난간에는 희생된 사람들의 이름이
새겨져 있다. 이름은 알파벳 순이 아니라 희생자들의 관계에 따
라 배열하였다고 한다. 마이클 아라드는 사람들을 단순하게 배
열하고 싶지 않아서 직장동료 혹은 같은 구역에서 희생된 사람

1 구 월드 트레이드 센터 자리에 만들어진
'부재의 반추' 조형물. 2 인공 풀을 둘러싼
철제 난간에 새겨진 희생자의 이름.

들과 같은 연관관계를 찾아 이름을 새겼다. 죽어서도 함께할 수 있게……

희생자의 이름이 새겨진 자국을 손가락으로 하나 하나 더듬다 보면, 어느 이름 위에 꽂힌 장미 한 송이를 발견하게 된다. 영하 10도를 오르내리는 혹한의 겨울에 누가 꽃을 꽂아 놓았을까. 나중에 안 사실이지만, 이 장미는 911 메모리얼 관리인이 당일 생일인 희생자의 이름에 꽂아놓는 것이라고 한다. 살아 있었더라면 축하받았을 희생자의 생일을 기리며 미국 정부가 대신 축하하는 것이다. 당신을 잊지 않겠다고 기억하겠다고 말이다.

공원에 심어진 400그루의 참나무 중에는 '생존한 나무Survival Tree'라고 불리는 유일한 배나무가 있다. 이 나무는 1970년대에 월드 트레이드 센터 광장에 심었던 것인데, 9.11 테러로 크게 훼손되었다. 이후 다른 지역으로 옮겨져 극진한 보살핌을 받고 8피트에서 원래 크기인 30피트로 자라났다. 결국 2010년 이곳으로 돌아와 남쪽 풀 부근에 자리하게 되었다. 테러라는 절망 속에서도 강인한 생명력으로 많은 사람들을 위로한 이 동화 같은 이야기는 책으로도 만들어져 있으니 기념품 숍에서 확인하자.

3 위에서 바라본 911 메모리얼 전경.

# *911 Museum* 911 박물관

*Information*

📍 180 Greenwich St., New York, NY 10007
🚇 1 line, Rector station / R line, Cortland station

🕐 09:00~20:00
@ www.911memorial.org

시간의 기억에서 당신은 단 하루도 지울 수 없다

911 메모리얼이 개관한 4년 뒤인 2015년에 911 박물관이 문을 열었다. 박물관 초입에는 크게 이런 글귀가 적힌 벽이 있다.

*"NO DAY SHALL ERASE YOU FROM THE MEMORY OF TIME
_ by Virgil"*

번역하면 '시간의 기억에서 당신은 단 하루도 지울 수 없다'라는 말이다. 호메로스, 단테와 함께 3대 서사시 작가로 불리는 베르길리우스의 서사시 중에서 한 구절을 따온 것이다. 사랑하는 사람을 잃은 슬픔에서 단 하루도 자유로울 수 없음을 말하는 듯하다.

911 박물관의 전시품들을 보면 하나하나가 다 마음을 아프게 한다. 급박하고 처참했던 당시의 상황을 보여주는 사진들, 건물 잔해와 고철이 되어버린 소방차, 가족을 잃은 아픔을 담은 영상과 가족을 애타게 찾는 전단지, 희생자의 사진과 프로필을 보여주는 전시실, 이들을 위로하기 위해 어린이들이 쓴 글, 모두의 상심을 위로하기 위해 고철로 만든 십자가…….

그중에서도 유난히 눈에 띄는 전시물이 있는데, 바로 '생존자의 계단 Survivors Stairs'이다. 베씨 스트리트로 이어지는 이 계단을 통해 수백 명이 목숨을 건질 수 있었다고 한다. 당시 구조활동을 펼쳤던 데이비드 브링크 중령은 사람들이 우왕좌왕하자 '이 계단을 따라 그냥 뛰어라. 뛸 수 있는 한 빨리 뛰어!'라고 외쳤고, 덕분에 수백 명의 사람이 무사히 가족의 품으로 돌아갈 수 있었

1 실종된 가족을 찾으려고 붙였던 전단지들. 2 생존자의 계단. 3 무너진 건물에서 유일하게 깨지지 않은 유리창.

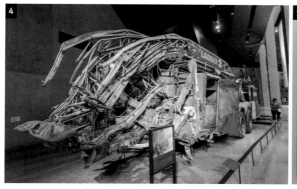 

다. 또 하나 인상적인 것은 남쪽 타워에 있었다고 전해지는 유리창이다. 건물이 통째로 무너졌는데 그 많은 유리창 중에 이것만 유일하게 깨지지 않았다고 한다. 어떻게 이처럼 온전하게 모양을 유지할 수 있었는지 놀라울 따름이다.

9.11 테러 상황과 복구 영상을 보여주는 상영관 옆에는 잡지 〈뉴요커〉의 표지 중에 월드 트레이드 센터가 나온 것만을 모아서 전시한 벽이 있다. 〈뉴요커〉는 9.11 테러 이후 매년 9월이 되면 조의를 표하는 표지를 발간한다. 눈앞에선 사라졌지만 마음속에서는 영원히 사라지지 않을 아픔이 표지마다 담겨 있다.

관광통역안내사 자격증을 따기 위해 공부할 때, 투어에는 여러 종류가 있다는 것을 알았다. 그중 하나가 다크 투어Dark Tour로, 911 메모리얼이나 박물관, 홀로코스트 박물관, 우리나라의 서대문 형무소 같은 곳을 돌아보는 투어를 말한다. 한 나라의 역사와 아픔을 공감하고 이해하는 것도 여행의 중요한 요소이다. 삼풍백화점 붕괴나 세월호의 아픔을 겪은 우리에게도 이처럼 위로하고 추모하는 공간이 있으면 어떨까 생각하게 된다.

911 박물관은 입장료가 싸진 않지만 뉴욕을 이해하고 공감하는 데 도움이 되는 곳이니 꼭 방문해보길 바란다. 온라인으로 미리 표를 구매하면 줄서서 기다리지 않고 들어갈 수 있다.

4 건물 붕괴로 구부러지고 망가진 소방차. 5 911 테러를 추모하는 〈뉴요커〉 잡지 표지.

# *Oculus* 오큘러스

*Information*

📍 Church St., New York, NY 10006

🚇 A, C 4, 5, J, Z, 2, 3, R line, World Trade Center Transportation Hub

@ www.panynj.gov/wtcprogress/
transportation-hub.html

지하철 역인가, 예술작품인가

뉴저지에서 패스를 타고 맨해튼으로 오거나 풀턴 센터 역에서 A, C라인을 타고 월드 트레이드 센터나 911 메모리얼을 가다 보면, 새 날개 같이 생긴 흰색 구조물에 자연스럽게 시선이 간다. 뉴욕을 여행하는 즐거움 중 하나는 이처럼 시선을 사로잡는 특이한 건축물을 곳곳에서 쉽게 볼 수 있다는 점이다. 월드 트레이드 센터 앞에 있는 이 건축물은 오큘러스Orculus라는 이름을 가지고 있다. 어디에선가 마징가 Z나 아이언맨이 불쑥 튀어나올 것 같지만 실제로는 교통센터이며, 뉴욕과 뉴저지를 연결하는 패스 철도 및 지하철이 지나는 역사이기도 하다. 안으로 들어가면 일렬로 뻗은 하얀색 기둥 때문에 자연사박물관에 있는 큰 고래뼈 안으로 들어온 듯도 하고, 하얀 바닥 때문에 천상의 아이스링크에 온 듯한 기분도 든다.

오큘러스는 세계적인 건축가 산티아고 칼라트라바Santiago Calatrava가 설계했고 12년간 40억 달러를 들여 완성했다. 당초 예산의 2배인 5조가 들었다고 하니, 아마 세계에서 가장 비싼 전철 역이지 않을까?

# One World Observatory 원 월드 전망대

## Information

📍 285 Fulton St., New York, NY 10006
🚇 E line, World Trade Center station

🕐 08:00~21:00
@ oneworldobservatory.com

**최첨단 기술이 동원된 맨해튼의 새로운 야경 스폿**

9.11 테러로 무너진 월드 트레이드 센터를 대신해 지은 원 월드 트레이드 센터는 높이 541미터로 미국에서 가장 높은 건물이자 세계에서 6번째로 높은 건물이다. 최근 새로이 떠오르는 야경 스폿이 100~102층에 있는 원 월드 전망대이다. 48초 만에 전망대에 도착하는 초고속 엘리베이터에서는 건물이 지어지는 과정을 소개한 영상이 상영된다.

엘리베이터에서 내려 사람들을 따라 들어가면 'One World Trade Center'라는 이름과 함께 커튼이 한순간에 올라가면서 뉴욕의 조망이 한눈에 들어온다. 맨해튼과 브루클린을 연결하는 다리들, 자유의 여신상, 허드슨 강이 보이는 맨해튼의 광경은 절로 감탄을 자아낸다.

전망대에는 다방면으로 최첨단 IT 기술이 사용되었는데, 특히 유리 바닥이 있는 스카이 포털이 인상적이다. 떨리는 마음으로 유리 바닥에 서면 실제 빌딩 아래를 보는 듯한 착각이 드는데, 사실은 실시간으로 빌딩 아래 모습을 녹화해서 보여주는 것이라고 한다. 또한 태블릿으로 자신이 서 있는 곳의 주변 건물이 무슨 건물인지 알려주기도 한다.

원 월드 전망대는 해 지기 전에 가서 낮 전경과 강으로 해가 기우는 모습을 함께 보는 것이 좋다. 인터넷으로 표를 구매하거나 뉴욕 패스를 산다면 좀 더 저렴한 가격에 볼 수 있다.

1 유리 바닥으로 된 스카이 포털. 2 전망대에서 바라본 맨해튼 전경. 3 뉴욕 전경을 넘어서 근방까지 볼 수 있는 시티 펄스.

# *Brooklyn Bridge* 브루클린 브리지

*Information*

📍 Brooklyn Bridge, New York, NY 10038
🚇 4, 5, 6 line, Brooklyn Bridge, City Hall station
   J, Z line, Chamber St. station

@ www.nyc.gov/html/dot/
  html/infrastructure/brooklyn-
  bridge.shtml

## 천천히 걸으며 맨해튼의 야경 감상하기

프랑스가 미국에 자유의 여신상을 선물했다면 독일은 브루클린 브리지를 선물했다고 할 정도로 브루클린 브리지는 뉴요커가 사랑하는 다리이다. 독일 건축가 존 오거스터스 로블링이 1869년에 공사를 시작해 14년 만에 완성한 다리로 이스트 강을 가로질러 맨해튼과 브루클린을 연결한다.

1 현수교인 브루클린 브리지 전경. 2 브루클린 브리지에서 바라보는 아름다운 맨해튼 마천루 야경.

사실 설계자 존 오거스터스는 공사 도중 파상풍으로 사망하고, 아들이 공사를 이어서 진행했지만 역시 병으로 사망하게 된다. 그 뒤에 며느리가 기계공학을 배워가며 다리를 완공했다고 하니 세대를 걸쳐 온 가족의 노력으로 빛을 보게 된 셈이다. 교각 없이 강철 케이블로 지탱이 되는 현수교로서, 당시에는 매우 획기적이라고 평가받았다. 개통된 뒤 20년 동안 세계에서 가장 긴 현수교였다.

뉴욕에 머물던 시절, 브루클린 브리지에 도착하니 서서히 해가 지기 시작했다. 봄 내음을 머금은 2월의 쌀쌀한 바람과 오렌지색으로 물들어가는 구름을 보며 다리를 건넜다. 다리 끝에 이르자 하늘은 완전히 어두워졌고, 뒤돌아 바라본 맨해튼의 야경은 눈물이 날 만큼 아름다웠다. 불안한 미래에 대한 걱정으로 하루하루 조바심 내며 살던 내게 그날 바라본 야경은 신이 던지는 위로와 같았다. 걸어서 다리를 건넜던 그날의 기억이 지금도 생생하다. 그 후로 브루클린 브리지는 뉴욕에 갈 때마다 꼭 들르는 장소가 되었다. 낮에 가도 좋고 밤에 가도 좋다. 혼자여도 좋고, 친구 또는 연인과 가도 좋다.

# *Wall Street* 월 스트리트

*Information*

📍 증권 거래소 11 Wall St., New York, NY 10005
　페더럴 홀 26 Wall St., New York, NY 10005
🚇 4, 5 line, Wall St. station
🕐 증권 거래소 09:30~16:00(월~금), 페더럴 홀 09:00~17:00(월~금)(토·일 휴무)

@ www.nyse.com,
www.nps.gov/feha

### 미국 역사에 관심 있는 사람이라면 들러볼 만한 곳

맨해튼은 과거에 네덜란드 무역상이 인디언에게 24달러를 주고 산 섬이라고 한다. 그들은 섬 남쪽 끝인 지금의 로어 맨해튼 지역에 정착하고 '뉴 암스테르담'이라 이름 지었다. 이후 뉴 암스테르담은 항구를 중심으로 중계무역의 요지가 되었는데, 이 중심지가 현재 월 스트리트가 있는 파이낸셜 디스트릭트이다.

이 구역에는 뉴욕 증권 거래소, 연방준비은행, 페더럴 홀 국립기념관 등 유명한 건물들이 있다. 특히 1972년에 세워진 세계에서 가장 큰 규모의 뉴욕 증권 거래소New York Stock Exchange는 영화에도 자주 등장하는 곳으로 그리스 신전처럼 웅장하다.

뉴욕 증권 거래소 맞은편에 위치한 페더럴 홀 국립기념관 Federal Hall National Memorial에는 미국 초대 대통령인 조지 워싱턴의 동상이 있는데, 조지 워싱턴은 이곳에 있던 초기 미국 국회의사당에서 대통령 취임 연설을 했다고 한다. 19세기에 새로 세워진 이 건물은 원래는 세관이었지만 현재는 무료로 들어갈 수 있는 기념관이다. 미국 역사에 관심 있는 사람이라면 들러볼 만한 곳으로 미국 헌법과 권리장전, 조지 워싱턴이 취임식을 할 때 손을 얹었던 성경 등이 보관되어 있다. 아이젠하워, 지미 카터, 조지 부시 시니어 대통령은 이 성경으로 취임식을 했는데, 오바마 대통령은 링컨 대통령의 성경을 사용했다고 알려져 있다. 국회 도서관에 보관되어 있던 성경을 링컨 탄생 200주년을 기념하여 오바마 선서식에 내주었다는 일화가 있다.

1 박물관이 된 페더럴 홀 국립기념관과 조지 워싱턴 동상. 2 세계 경제의 중심지인 월 스트리트.

# *Statue of Liberty* 자유의 여신상

*Information*

📍 Liberty Island, New York, NY 10004
🚇 R line, Whiteshall station

🕐 09:30~15:30
@ www.nps.gov/stli

### 유네스코에서도 인정한 뉴욕의 상징

1983년 유네스코 지정 세계문화유산으로, 정식 명칭은 '세계를 비추는 자유Liberty Enlightening the World'이다. 프랑스가 1886년에 미국 독립 100주년을 기념해 전달한 선물로 잘 알려져 있다 (만든 나라는 프랑스인데 미국의 상징물로서 큰돈을 벌고 있다는 사실이 재미있다). 받침대 맨 밑에서 횃불까지의 높이가 93미터, 무게 225톤에 달하는 거대한 조각상인데, 사실 이 정도 크기이면 조각상보다는 건축물이라고 봐야 한다. 설계는 에펠탑을 만든 귀스타브 에펠이 맡았고, 조각은 프레데릭 오귀스트 바르톨디가 자신의 어머니를 모델로 삼아 작업했다.

자유의 여신상은 워낙 거대해서 조각상을 분리해서 배로 미국에 들어온 뒤, 하나씩 조립해 설치했다고 한다. 오른손에는 자유를 비추는 횃불을, 왼손에는 토마스 제퍼슨이 작성한 미국독립선언서를 들고 있다. 왕관에는 7개의 대륙을 상징하는 뿔이 달려 있으며, 바로 이 부분에 전망대가 있다. 뉴욕에 처음 갔을 때 자유의 여신상에 가보려고 했지만 왕관까지 입장할 수 있는 인원이 하루 30명으로 제한되어 이미 자리가 없었다(설령 자리가 있다 해도 긴 줄을 서기가 겁나서 포기했을지 모

른다). 그때 뉴욕에 사는 친구가 권해준 방법이 스태튼 아일랜드 페리를 타고 배에서 자유의 여신상을 보는 것이었다. 친구는 '어차피 왕관까지 올라가도 자유의 여신상은 안 보이는데 뭐하러 가?'라고 했다.

나는 결국 페리를 타는 방법으로 자유의 여신상을 봤다. 날씨가 좋은 날에는 햇살과 바람을 맞으며 멀리서나마 자유의 여신상을 볼 수 있다. 꼭 왕관까지 올라갈 생각이 아니라면 이 방법도 나쁘지 않다. 참, 배의 오른쪽에 앉아야 잘 보인다.

### ★ 자유의 여신상을 보는 3가지 방법

1 근처를 도는 크루즈를 이용한다. 맨해튼 뷰를 볼 수 있고 자유의 여신상도 비교적 가까이에서 볼 수 있다. 단, 자유의 여신상이 있는 리버티 섬에는 내릴 수 없다.

2 배터리 파크 매표소에서 리버티 섬으로 가는 페리 티켓을 구매한다. 리버티 섬만 들어가는 표와 자유의 여신상 왕관까지 올라갈 수 있는 표가 있다. 현장에서 사면 줄을 길게 서야 하니 온라인으로 예매하는 것이 낫다. 배는 20분 간격으로 출발한다.
@ www.statuecruises.com/statue-liberty-and-ellis-island-tickets#

3 스태튼 아일랜드 거주자를 위한 무료 교통수단인 페리를 타고 배에서 자유의 여신상을 본다. 30분 간격으로 출발하고 배가 섬으로 가는 데 30분이 걸린다. 내렸다가 다시 돌아오는 것을 타야 맨해튼 시내로 되돌아올 수 있는데, 시간이 안 맞으면 오래 걸릴 수 있다.
@ www.siferry.com/schedules.html

1 리버티 섬으로 가는 페리를 타려는 사람들. 2 밑에서 올려다본 자유의 여신상. 3 무료 페리를 타고 멀리서 바라본 자유의 여신상.

# *Hudson Eats* 허드슨 이츠

*Information*

📍 230 Vesey St., New York, NY 10281
🚇 E line, World Trade Center station
🕐 10:00~21:00(월~토), 11:00~19:00(일)

@ brookfieldplaceny.com

## 로어 맨해튼의 인기만점 푸드코트

브룩필드 플레이스에 있는 푸드코트. 1층은 르 디스트릭트Le District로 프랑스식 작은 레스토랑과 바, 베이커리, 치즈 가게, 식료품 잡화점 등이 있고, 2층은 허드슨 이츠Hudson Eats라는 푸드코트로 요즘 유행하는 웬만한 식당들이 다 입점해 있다. 미국 LA에서 시작된 유명 햄버거집 우마미 버거Umami Burger, 밥처럼 든든한 샐러드 레스토랑 찹트Chopt, 치킨버거 가게 후쿠FUKU, 캐주얼 스시바 블루 리본Blue Ribbon, 장작불에 오래 구운 고기를 서빙하는 마이티 퀸스 비비큐Mighty Quinn's BBQ 등 이름만으로도 유명한 식당들이 가득하다. 점심시간에는 직장인들을 위한 가성비 좋은 런치 메뉴들이 준비되어 있어 인기가 많은데, 특히 한국계 스타셰프인 데이비드 창이 운영하는 후쿠에 줄이 길다. 가게 메뉴판 옆에 한글로 '치맥'이라고 써놓은 것도 재미있다.

개인적으로 권하고 싶은 곳은 우마미 버거로, 우마미는 일본어로 '감칠맛'이란 뜻이다. 감칠맛은 단맛, 짠맛, 신맛, 쓴맛과 함께 인간의 기본 미각이라고 하니 음식에 없어서는 안 될 맛이다. 우마미 버거는 다양한 패티에 표고버섯과 하우스 케첩을 넣어 감칠맛을 극대화한 버거를 만든다. 한 번 먹으면 절대 잊을 수 없는 맛으로 이 집의 고구마튀김도 별미이다.

허드슨 이츠를 특별하게 만드는 또 다른 요소는 창밖으로 보이는 허드슨 강이다. 한가로이 떠 있는 요트와 갈매기, 개와 함께 산책하는 뉴요커를 바라보고 있으면 맛도 배가된다.

1 1층의 프랑스식 푸드코트 '르 디스트릭트'. 2 2층 푸드코트에 자리한 샐러드 바. 3 우마미 버거와 고구마튀김.

# *Brookfield Place* 브룩필드 플레이스

*Information*

📍 230 Vesey St., New York, NY 10281
🚇 E line, World Trade Center station
🕐 10:00~21:00(월~토), 11:00~19:00(일)

@ brookfieldplaceny.com

## 거대한 실내 정원이 인상적인 세계금융센터

요즘 블로그 여기저기에서 많이 등장하는 쇼핑몰로 커다란 실내 정원 같은 로비가 이색적인 곳이다. 예전에는 이곳에 세계금융센터World Financial Center가 있었지만 쇼핑몰로 바뀐 후 뉴욕의 핫 플레이스로 새롭게 주목받고 있다. 세계적인 건축가 시저 펠리Cesar Pelli가 설계한 곳으로도 유명한데, 4개의 건물과 윈터 가든, 실내 정원 등이 있다. 명품 쇼핑에 큰 관심이 없어도 사진찍기에 꽤 괜찮은 곳이고, '허드슨 이츠'라는 핫한 푸드코트도 있으니 들러볼 만하다.

건물로 들어가면 바로 마주하게 되는 로비는 천장과 벽이 유리로 되어 있고 키가 큰 야자수도 있어서 돔형 식물원처럼 보인다. 정면으로 보이는 하얀 대리석 계단에서는 샌드위치도 먹고 쉬기도 하면서 편안하게 머물다 갈 수 있다. 대리석 계단에 앉거나 야자수 사이에 서서 스냅샷 한 장을 찍어보자.

1 실내 정원처럼 야자수가 있는 로비. 2 로비 끝에 자리한 대리석 계단.

# *Century 21* 센추리 21

## *Information*

📍 22 Cortlandt S.t, New York, NY 10007
🚇 R line, Cortland St. station
🕐 07:45~21:00(월~금), 10:00~21:00(토), 11:00~20:00(일)

@ www.c21stores.com

## 가성비 높은 명품 쇼핑몰

뉴욕에 처음 갔을 때 911 메모리얼을 예약해놓고(당시에는 예약을 해야 갈 수 있었다), 시간이 남아서 무얼 할까 고민하다 들어간 곳이 '센추리 21'이었다. 준명품 브랜드 옷들이 촘촘이 걸려 있어 고르기 어렵지만 찬찬히 잘 살펴보면 보물창고와 같다고 했던 지인의 말이 생각나서였다. 아니나 다를까, 하나둘 사다 보니 양손 가득 쇼핑백이 들려 있었고, 어쩔 수 없이 그 상태로 911 메모리얼을 방문했다. 전시된 조형물의 엄숙함에 고개 숙여 묵념을 하는데, 문득 내 꼴이 우스워 고개를 들었더니 옆에 서 있는 관광객들도 쇼핑백을 든 채로 묵념을 하고 있어 웃음이 난 기억이었다.

제대로 명품 쇼핑을 하고 싶다면 우드베리에 가라고 권하겠지만, 일정이 짧고 명품보다는 가성비를 높이 산다면 이곳이 낫다. 코치, 마이클 코어스, 캘빈 클라인 같은 미국 브랜드는 물론이고, 유럽 디자이너 브랜드의 옷과 신발, 가방, 액세서리 등이 있어 지인이나 가족 선물을 사기에 좋다.

뉴욕에는 2개의 센추리 21 백화점이 있는데 하나는 링컨 센터 부근, 다른 하나는 월드 트레이드 센터 앞에 있다. 물건의 종류와 매장의 크기로 보면 다운타운 점이 월등하다. 또한 911 메모리얼과 박물관, 브루클린 브리지, 브룩필드 플레이스까지 하루에 돌 수 있어서 좋다. 여유있게 쇼핑을 하고 싶다면 오전 방문이 좋지만 하루 종일 쇼핑백을 들고 다녀야 하는 단점이 있다.

1 아웃렛의 가격을 한 번 더 할인한 명품 아웃렛 매장. 2 다양한 브랜드가 있는 신발 매장.

# *Arts in Lower Manhattan*
## 로어 맨해튼의 예술 작품들

### 레드 큐브 Red Cube

이사무 노구치Isamo Noguchi의 작품으로 월 스트리트 HSBC 은행 건물 앞에 있다. 이사무 노구치는 일본인 아버지와 미국인 어머니 사이에서 태어난 미국의 조각가로 퀸즈에 그의 단독 박물관이 있을 정도로 매우 유명하다. 두꺼운 강철판에 붉은색 페인트를 칠한 큐브를 위태롭게 세워놓은 이 작품은 강렬한 색과 불균형 속의 균형감 때문에 눈에 띈다. 사실 이 큐브는 정사각형이 아니라 왜곡되어 보이는 것으로 한가운데에 구멍이 뚫려있는 형태이다. 대도시 빌딩 숲 속에 놓인 이 강렬한 조형물은 예술의 도시 뉴욕을 입증하는 하나의 증거이다.

📍 123 Broadway, New York, NY 10006

### 황소상 Charging Bull

증시에서 강세장을 'Bull Market'이라 부른다는 점에 착안해 1987년 뉴욕 주식시장 붕괴 이후에 이탈리아 조각가 아투디로디 모디카가 뉴욕 증권 거래소 앞에 설치해놓았다. 황소는 진취적인 자본주의의 번영을 상징하며, 뉴욕 증시가 다시 강세로 돌아가기를 희망한다는 메시지를 담고 있다. 1989년 12월 크리스마스 선물이라며 트럭에 싣고 와 몰래 두고 갔다고 한다. 뉴욕시에서 철거하려 했으나 시민들의 반대로 현재 위치인 볼링 그린으로 이전했다. 황소상의 그것(?)을 만지면 돈이 생긴다고 해서 많은 사람들이 민망함을 무릅쓰고 기념사진을 찍기도 한다.

📍 Broadway & Morris St., New York, NY 10004
📷 chargingbull.com

## 호보켄 피어 Hoboken Pier

출판사에서 일할 때 뉴욕 출장을 간 적이 있다. 그때 일하다 알게 된 거래처 직원과 친구가 되었는데 나중에 내가 미국에 공부하러 갈 거라고 하니 뉴욕에 오면 연락하라고 했다. 유학 중에 뉴욕에 가서 연락을 하니 내게 호보켄에 가본 적이 있냐고 물었다. 그 친구는 호보켄에서 뉴욕 최고의 야경을 보여주고 싶다고 했다. 그렇게 알게 된 곳이 바로 호보켄 피어이다. 많은 뉴요커들이 맨해튼의 비싼 땅값을 감당하지 못해 퀸즈나 브루클린, 뉴저지 등에서 거주하는데 호보켄도 그런 지역 중 하나이다. 호보켄으로 가는 방법은 몇 가지가 있다. 페리를 타고 가거나 맨해튼 도심과 뉴저지를 연결하는 PATH라는 기차를 타고 간다. 페리를 타면 요금은 약간 더 비싸지만 낭만적인 방법으로 호보켄에 갈 수 있다.

친구가 권해준 대로 페리를 타고 호보켄에 도착했다. 우리는 뉴올리언스 음식으로 저녁을 먹고 호보켄 역 근처의 공원에 갔다. **강가 공원에서 보는 맨해튼 마천루의 야경은 가히 뉴욕 최고의 야경이라 탄성이 절로 나왔다.**

뉴욕의 야경은 뉴욕을 벗어나야 보인다. 문득 모마에 있던 조르주 쇠라의 점묘화가 생각났다. 가까이서 보면 점일 뿐이지만 멀리서 보면 하나의 아름다운 그림이 되듯이, 우리의 인생도 가까이 들여다보고 고민하면 문제가 무엇인지 알 수 없다. 문제를 벗어나야 신이 준비한 인생 전체의 그림이 보인다. 그러니 조급하게 생각하지 말고, 내가 가진 시각과 관점을 더 넓게 가져보자. 호보켄에서 바라보는 맨해튼의 야경처럼 말이다.

📍 Hoboken, NJ 07030
🚌 포트 오소리티 버스터미널에서 119번 또는 126번 버스 탑승

## 익스체인지 플레이스 루프탑 Roof Top Bar at Exchange Place

PATH를 타고 익스체인지 플레이스 역에 가면 하얏트 익스체인지 플레이스 호텔 꼭대기에 루프탑 바가 있다. 비싸지 않은 가격에 술과 음료, 안주를 즐길 수 있고 통유리로 되어 있는 바에서는 **추운 겨울에도 맨해튼 야경을 아늑하게 즐길 수 있다. 봄이 되면 위층에 테이블을 놓아 뻥 뚫린 공간에서 맨해튼 마천루를 감상할 수 있다.** 뉴욕 야경을 배경으로 인생샷 하나 남길 수 있는 곳이니 호보켄에 갔다면 방문해보자.
호텔에서 나와 강변을 따라 오른쪽으로 걸으면 월드 트레이드 센터로 가는 페리를 탈 수 있고, 왼쪽으로 가면 호보켄 피어가 나온다.

📍 1 Exchange Place, Jersey City, NJ 07302
🚇 Path line Grove St. station
🕐 16:00~24:00(수~일)(월·화 휴무)
@ rooftopxp.com

# *A Walk in New York*

# Midtown 01

# Midtown 01 미드타운

### 뉴욕에서 가장 많은 시간을 보내게 되는 곳

미드타운은 센트럴 파크 아래 지역부터 34가까지 해당되며, 이를 다시 미드타운 이스트East와 웨스트West로 구분한다.

미드타운에는 타임스 스퀘어, 모마MoMA, 록펠러 센터, 브로드웨이, 헬스 키친이라 불리는 식당가와 가먼트 디스트릭트 Garment District, 5번가, 한인타운 등이 포함된다. 관광, 공연, 맛집, 쇼핑 등 여행의 모든 요소를 다 갖춘 명실상부한 뉴욕의 핵심 지역이다. 전 세계에서 몰려든 관광객들이 사시사철 북적거려서 그곳에 있는 것만으로도 코즈모폴리탄이 된 느낌이다.

미드타운 웨스트에 있는 한인타운K-town은 따로 자세히 다뤘으므로 이 장에서는 미드타운 이스트와 한인타운에 속하지 않는 지역을 위주로 살펴보자. 오전에는 모마와 브라이언트 파크, 뉴욕 공립 도서관, 세인트 패트릭 성당을 구경하고, 오후에는 브로드웨이, 타임스 스퀘어, 록펠러 센터 야경 관람으로 일정을 마무리하면 하루에도 다 돌아볼 수 있다. 그러나 워낙 갈 곳이 많은 지역이니 적어도 2일 정도는 시간을 내서 곳곳에 숨은 명소들을 두루 탐방해보기를 권한다.

관광지는 하루 이틀 안에 다 돌아보겠지만 맛집 때문에 자주 가게 되는 곳이므로, 가고 싶은 레스토랑을 먼저 정한 다음 주변 관광지를 소화하는 것도 하나의 방법이다.

# *Times Square* 타임스 스퀘어

*Information*

📍 7th Ave., 42–49th St., New York, NY 10036
🚇 1, 2, 3, 7, N, Q, R, W line, Times Sq. 42nd St. station

## 뉴욕의 상징, 세계인의 광장

파리에는 에펠탑, 시드니에는 오페라하우스가 있듯 뉴욕에는 타임스 스퀘어가 있다. 뉴욕 여행 자라면 누구나 한 번은 사진을 찍게 되는 그곳, 브로드웨이와 7번가가 만나는 지점에 위치한 타임스 스퀘어! 정작 뉴욕에 거주하는 사람은 복잡하고 상업적인 거리라고 생각해 잘 가지 않지만, 뉴욕까지 와서 타임스 스퀘어 기념사진 한 장이 없다는 것은 상상할 수도 없다.

타임스 스퀘어가 전 세계적인 관광지가 된 데에는 몇 가지 매력 요소가 있다. 하나는 휘황찬란한 LED 광고와 간판들이다. 우리나라 아이돌의 생일 축하 메시지나 홍보 광고도 종종 등장하는 광고판은 비디오 아트를 연상케 하는 움직이는 광고로 유명하다. 광고판을 바라보며 한가운데에 서 있으면 마치 미래의 첨단 도시에 와 있는 느낌을 받는다. 타임스 스퀘어는 낮과 밤의 분위기가

사뭇 다르므로 시간 차를 두고 모두 가보도록 하자.

또 다른 매력 요소는 1907년부터 매년 12월 31일에 열리는 신년 행사 '볼 드롭Ball Drop(우리나라의 제야의 종소리 같은 행사)'이다. 테러의 위협으로 조금 위축된 감은 있지만 매년 엄청난 인파가 행사에 참여하기 위해 새벽부터 줄을 선다고 하니 참여한다면 잊지 못할 추억이 될 것이다.

타임스 스퀘어는 우리가 다 아는 '뮤지컬의 거리' 브로드웨이에 있다. 뮤지컬 티켓을 할인가로 살 수 있는 TKTS가 여기에 있는데 셀피를 찍기에 가장 적합하다. 밤에는 붉은빛이 도는 TKTS 부스는 10년의 작업 끝에 완성된 것으로 평범한 유리 계단처럼 보이지만 최대 500명이 올라서도 끄떡없게 특수 재질로 만들어졌다고 한다. 계단 위까지 올라가 LED 전광판이 다 나오게 파노라마 사진을 찍거나 360도 회전 동영상을 찍어 생동감 있는 뉴욕의 분위기를 간직해보자.

**Don't miss it**

타임스 스퀘어의 명물로 '네이키드 카우보이Naked Cowboy'를 빼놓을 수 없다. 언더웨어 하나만 입고 기타로 교묘히(?) 가릴 곳만 가린 채 거리에서 노래를 부르는 행위 예술가이다. 기부를 하면 사진도 같이 찍을 수 있다. 딱히 행사가 없으면 점심시간 전에 타임스 스퀘어에 나타난다고 하니 찾아보자.

@ www.nakedcowboy.com

1 타임스 스퀘어 셀피 스폿. 2 타임스 스퀘어의 상징과도 같은 TKTS의 붉은 계단. 3 기타로 가릴 곳(?)은 가린 네이키드 카우보이.

# *Broadway Musical* 브로드웨이 뮤지컬

## *Information*

📍 7th Ave., 42–49th St., New York, NY 10036
🚇 1, 2, 3, 7, N, Q, R, W line, Times Sq. 42nd St. station

## 뮤지컬 하면 브로드웨이!

뉴욕으로 출장을 갔을 때 뮤지컬 〈맘마미아〉와 〈오페라의 유령〉의 티켓 예매를 친구에게 부탁한 적이 있다. 친구는 나를 위해 좋은 자리를 예약해주었다.

저녁에 〈맘마미아〉를 보러 갔는데, 시차 적응도 안 되고 낮에 일을 했더니 피곤해서 앞으로 고꾸라지는 머리를 어찌할 수가 없었다. 허벅지를 꼬집고 두 눈을 부릅떠봐도 소용 없었다. 나도 모르게 졸다가 눈을 떠보니 내 머리가 옆 좌석 할아버지의 가슴 앞까지 가 있었다. 민망함을 무릅쓰고 최대한 자연스럽게 일어나려고 살그머니 고개를 들어보니 내 옆자리, 그 옆자리까지 줄줄이 졸고 있었다. 다음 날, 〈오페라의 유령〉은 졸지 말고 꼭 끝까지 보자 결심하고 갔지만 유령이 나오는 것도 못 보고 첫 장면부터 잠이 들었다. 결국 그날도 200달러를 내고 10달러어치를 보고 나왔다.

그 후 미국에 유학 와서 그때 좋았던 작품을 포함해 여러 편의 뮤지컬을 관람했다. 개인적으로 가장 좋아하는 뮤지컬은 〈오페라의 유령〉이다. 흉한 모습으로 가면을 쓰고 살 수밖에 없었던 팬텀의 애절한 마음이 아름다운 멜로디와 잘 어우러져서 좋았다. 보는 내내 입을 벌리고 보았던 〈빌리 엘리어트〉, 큰 기대 없이 보았지만 재미있었던 〈위키드〉, 무대장치와 분장만 봐도 돈 아깝지 않은 〈라이언 킹〉 등 매일 봐도 지루하지 않았다.

시차 적응이 완전하게 안 되었다면 뮤지컬을 보기 전 한두 시간 휴식을 취하며 컨디션을 조절하는 것이 좋다. 또한 영어의 압박이 있으므로 간단한 줄거리 정도는 알고 가도록 한다. 〈라이언

1 브로드웨이 극장 거리에 붙은 뮤지컬 광고판들. 2 〈라이언 킹〉을 공연하는 극장. 3 〈오페라의 유령〉 소책자와 티켓. 4 〈오페라의 유령〉을 공연하는 극장.

킹〉처럼 볼거리가 많고 무대가 멋진 작품이라면 실패할 가능성이 적다. 물론 이왕이면 좋은 좌석으로 볼 것을 권한다.

### ★ 뮤지컬 티켓 사기

할인 티켓은 www.ohshow.net, www.broadticket.com, www.nytix.com/broadway 등에서 살 수 있으며, 할인 폭은 작지만 보고 싶은 공연을 원하는 날짜에 예약할 수 있어 좋다. 더 큰 할인을 원한다면 TKTS 부스나 러시 티켓, 로터리 티켓에서 구입하도록 한다.

### TKTS

당일 티켓 중 판매되지 않은 티켓을 큰 폭으로 할인해 판매하는 곳. 앱을 다운받으면 그날 공연 티켓과 할인 정보를 알 수 있다. 보고 싶은 뮤지컬이 있다면 부스로 가서 줄을 선 다음 아무도 그 티켓을 사 가지 않기를 기도하면 된다. 여러 지점이 있으니 위치 확인 후 가까운 곳으로 달려가자. 1~2시간 줄을 설 각오를 해야 한다.
@ www.tdf.org/nyc/8/Locations-Hours

### 러시(Rush) 티켓

극장마다 당일 판매되지 않은 티켓을 파는 것. 보고 싶은 공연의 극장이 러시 티켓을 파는지 확인한 다음 극장에 가서 줄을 선다. 할인 폭은 크지만 자리가 안 좋거나 내 앞에서 티켓이 다 팔리는 인생의 쓴맛을 볼 수 있다.
@ www.nytix.com

### 브로드웨이 위크

뉴욕시에서 1년에 2번(여름과 겨울) 실시하는 뮤지컬 할인 행사이다. 보통 레스토랑 위크와 비슷한 기간에 열리는데, 이때는 티켓 2장을 1장 가격에 살 수 있다. 모든 뮤지컬이 다 해당되는 것은 아니며, 인기 뮤지컬은 순식간에 매진되므로 광클릭 기술이 필요하다.

# *Museum of Modern Art* 뉴욕 현대미술관

### *Information*

📍 11 W 53rd St., New York, NY 10019

🚇 B, D, M, F line, 47–50th St. station / E, M line, 5th Ave., 53rd St. station

🕐 10:30~17:30(월~목·토·일), 10:30~20:00(금)

@ www.moma.org

**미술 교과서에서 보던 그림들이 여기에!**

뉴욕의 현대미술관, 줄여서 '모마MoMA'라고 부르는 이곳은 내가 뉴욕에서 가장 좋아하는 미술관이다. 뉴욕주에서 학교를 다니는 학생은 학생증이 곧 모마의 '프리티켓'이 된다. 뉴욕에서 공부할 당시 나는 거리를 걷다가 다리가 아프면 쉬러 들어가고, 커피 한 잔이 마시고 싶을 때도 가고, 비가 오면 비를 피하러 가는 등 무슨 핑계만 생기면 모마에 가곤 했다. Met처럼 너무 커서 어디를 돌아야 하나 고민하지 않아도 되는 단순한 구조와 빈센트 반 고흐, 파블로 피카소, 앙리 마티스 등 이름만 들어도 다 아는 유명한 19, 20세기 화가들의 그림을 마음껏 감상할 수 있어서 좋아했다.

좋은 작품들이 너무 많아서 꼭 봐야 할 작품을 꼽는다는 것은 뉴욕에서 무슨 음식이 맛있냐고 물

어보는 것과 같다. 그만큼 무엇 하나를 꼽기 어려울 정도로 정말 훌륭한 작품이 많다. 사실 유명세로 작품을 이야기하는 것도 중요하지만, 그에 못지 않게 내가 느끼는 마음이나 해석이 미술 감상에는 더 중요한 것 같다. 평론에는 작품을 통해 절망을 표현하려 했다고 써 있어도 나는 희망을 느낄 수도 있다. 그래서 작품 감상은 창작보다 더 창의적이고 독창적일 수 있다. 그런 의미에서 미술은 많이 보고, 자세히 봐야 한다. 오늘 느낀 작품에 대한 생각이 다음 주에 다를 수 있고, 3년 후에 다를 수 있다. 그런 과정을 통해 미술에 대한 감각과 나만의 해석이 생기고, 그것이 모여서 예술에 대한 애정이 싹트게 된다.

모마는 각 층마다 주요 연대별로 그림이 전시되어 있고, 1층 기념품 매장에는 창의적인 디자인 제품들이 가득하다. 하지만 내가 모마를 사랑한 큰 이유는 모마 1층 외부에 있는 조각 정원 때문이다. 정원 의자에 앉아 시원한 바람을 맞으며 일정에 쫓기는 정신 없는 뉴욕 여행을 돌아볼 수도 있고, 근처 샐러드집에서 사온 도시락을 먹으며 다시 힘을 얻어 그림을 구경할 수도 있다. 맨해튼의 허파가 센트럴 파크라면 모마의 허파는 조각 정원이었다. 입장료는 비싸지만 그만한 값어치가 있으니 꼭 가보기를. 현대카드가 있으면 동반 2인까지 무료 티켓을 받을 수 있다.

1 뉴욕 현대미술관 정문에서 보는 간판. 2 미드타운의 휴식처, 외부 조각 공원.

## ★ 모마를 효율적으로 돌아보기 위한 팁

1 일정이 빠듯해 시간이 없다면 4, 5층을 주로 공략한다.

2 모마가 처음이라면 오디오 가이드를 대여한다(대여 시 신분증 필요. 한국어 가능).

3 오디오 가이드 대여가 귀찮다면 모마 가이드 무료 어플을 다운받는다.
   가이드 안에 다양한 종류의 해설(1시간밖에 없을 때, 어린이용 해설 등)이 있다.

4 엘리베이터를 타고 5층으로 올라간 다음 그림을 감상하면서 내려온다.

5 코트 체크와 짐 보관소가 있으니 최대한 가볍게 다니자.

6 매주 금요일 5시부터 무료 입장이니 요령껏 이용한다. 단, 사람이 정말 많아서 그림을 충분히 감상하기 어렵다.

3 앤디 워홀의 〈캠벨수프 캔〉. 4 프리다 칼로의 〈자화상〉. 5 빈센트 반 고흐의 〈별이 빛나는 밤〉을 보려는 사람들. 6 그림과 생활용품을 파는 1층 기념품 숍. 7 빈센트 반 고흐의 〈우편배달부 조셉 룰랭의 초상〉. 8 앙리 마티스의 대표작 〈댄스〉. 9 파블로 피카소의 〈거울 앞의 소녀〉. 10 앤디 워홀의 〈금빛 마릴린〉.

## ★ 바쁜 당신에게 추천하는 모마에서 꼭 봐야 할 그림

### 5층 … 1880년대~1940년대 회화 및 조각

폴 세잔, 프리다 칼로, 앙리 마티스, 피에트 몬드리안, 클로드 모네, 파블로 피카소, 빈센트 반 고흐의 유명 작품들이 다수 전시되어 있다. 말이 필요 없는 고흐의 〈별이 빛나는 밤〉(프랑스 남부 생 레미 드 프로방스를 그린 그림)과 〈우편배달부 조셉 룰랭의 초상〉(조셉 룰랭이라는 우체부를 그린 그림. 영화 〈러빙 빈센트〉에도 등장) 외에도 미술책에서 보았을 유명한 그림들이 다수 있다.

- 별이 빛나는 밤(빈센트 반 고흐)

- 우편배달부 조셉 룰랭의 초상(빈센트 반 고흐)

- 아비뇽의 처녀들(파블로 피카소)

- 거울 앞의 소녀(파블로 피카소)

- 댄스(앙리 마티스)

- 기억의 지속(살바도르 달리)

- 수련(클로드 모네)

- 나와 마을(마르크 샤갈)

- 그라블린 운하의 저녁 풍경(조르주 피에르 쇠라)

- 잠자는 집시(앙리 루소)

- 브로드웨이 부기우기(피에트 몬드리안)

- 세상의 탄생(호안 미로)

### 4층 … 1940년대~1980년대 회화 및 조각

재스퍼 존스, 쿠사마 야요이, 로이 릭텐스타인, 앤디 워홀의 그림이 있다.

- 주유소(에드워드 호퍼)

- 크리스티나의 세계(앤드류 와이어스)

- 익사하는 여자(로이 릭텐스타인)

- 캠벨수프 통조림(앤디 워홀)

- 금빛 마릴린(앤디 워홀)

- 연인(르네 마그리트)

# *Rockefeller Center* 록펠러 센터

*Information*

- 45 Rockefeller Plaza, New York, NY 10111
- B, D, M, F line, 47-50th St. Rockefeller Center station

@ www.rockefellercenter.com

**석유왕 록펠러 가문이 세운 도시 속의 도시**

록펠러는 미국 석유 생산량의 95퍼센트를 보유하고 있었을 정도로 석유 사업으로 큰돈을 벌었고, 가진 재산만큼 자선사업과 근검절약에도 힘을 썼다고 알려져 있다. 록펠러 센터는 1928년 록펠러의 아들인 존 록펠러 주니어가 건설했는데, 예술을 사랑해서 오페라하우스를 지으려고 했지만 경제대공황 때문에 상업 건물로 용도를 변경했다고 한다. 5번가와 7번가 사이, 웨스트 48가와 52가 사이에 21개 빌딩으로 구성된 복합시설로 미국 정부에 의해 역사기념물로 지정되어 있다.

록펠러 센터가 건물 하나의 이름인 줄 알았다가 여러 건물이 모인 복합단지라는 것을 알고 나서야 왜 록펠러 센터를 '도시 속의 도시City within a City'라고 부르는지 이해하게 되었다. 참고로 우리는 록펠러 센터라고 하지만 미국인들은 '라커펠러 센터'라고 부른다.

록펠러 센터의 중심은 70층 짜리 GE 빌딩(2015년부터 콤캐스트 빌딩Comcast Building으로 불린다)으로 이 안에 엠파이어 스테이트 빌딩과 함께 뉴욕 최고의 전망대로 알려진 '탑 오브 더 록 Top of the Rock'과 NBC 스튜디오가 있다. 로비에는 미국 역사를 묘사한 100여 점의 작품이 전시되어 있고, 탑 오브 더 록 매표소 앞에는 스와로브스키 폭포도 있으니 사진으로 남겨도 좋겠다. 록펠러 센터 빌딩 앞에는 퍼블릭 아트 펀드와 협력해 유명 아티스트들의 작품을 전시하는 걸로 잘 알려져 있다. 이외에도 라디오 시티, 로어 플라자, 샤넬 가든Channel Garden이 복합단지에 속해 있다. 12월 31일 New Year's Eve에는 이곳에서 인기 가수들의 공연이 펼쳐진다.

록펠러 센터 GE 빌딩에서 시작해 세인트 패트릭 성당, 모마, 애플 스토어를 지나 센트럴 파크 입구까지 걷는 길은 미드타운을 제대로 체험할 수 있는 워킹 투어 코스이다. 뉴욕은 역시 걸어야 제맛이다. New Yorker를 New Walker라고 부르는 데는 다 이유가 있다. 편한 스니커즈에 가벼운 배낭을 매고 천천히 미드타운을 걸어보는 것은 어떨까.

**Don't miss it** 크리스마스 트리 점등식

록펠러 센터를 유명하게 만든 것은 매년 11월 말에 열리는 크리스마스 트리 점등식이다. 건물 앞에 약 25미터의 전나무를 세우고 5만여 개의 전구로 불을 밝히는 이 행사는 뉴욕을 방문한다면 꼭 가봐야 하는 이벤트이다. 한 달간 트리를 설치해놓는데 맨 꼭대기에는 스와로브스키가 기증한 2만 5,000여 개의 크리스털이 박힌 별이 걸리게 된다. 트리 점등식은 1933년부터 시작되었는데, 록펠러 센터를 건설하던 인부들이 조금씩 돈을 모아 나무와 각종 전구를 사서 장식한 데에서 유래했다고 한다.

1 꽃이 만발한 샤넬 가든. 2 록펠러 센터 앞에 점등된 크리스마스 트리. 3 크리스마스 장식으로 화려한 콤캐스트 빌딩 앞.

# *Lower Plaza* 로어 플라자

*Information*

45 Rockefeller Plaza, New York, NY 10111
B, D, M, F line, 47-50th St. Rockefeller Center station

@ www.rockefellercenter.com

## 여름에는 노천카페, 겨울에는 아이스링크

로어 플라자는 하늘을 볼 수 있는 야외 공간이지만 지하 층에 있기 때문에 처음 오픈했을 때 사람들의 발길이 뜸했고, 그래서 실패한 설계라는 말까지 있었다. 하지만 이렇게 만든 데에는 록펠러 센터의 콤캐스트 빌딩을 메트로와 연계시키려는 숨은 의도가 있었다.

이 공간이 뉴요커의 관심을 받기 시작한 것은 아이스링크가 생기고 난 뒤부터로, 현재는 뉴욕에서 가장 사랑받는 광장 중 하나가 되었다. 여름에는 노천 카페로, 겨울에는 아이스링크로 바뀌는 이곳은 영화 〈나홀로 집에 2〉의 캐빈이 엄청나게 큰 크리스마스 트리 앞에서 소원을 빌다가 엄마를 만났던 곳이기도 하다. 광장 정면에는 세계 각국의 국기들이 펄럭여서 '가든 오브 네이션스Garden of Nations'라고도 불린다.

국기 앞에는 황금색의 프로메테우스 조각상이 있는데, 로어 플라자의 상징물이라 할 만하다. 프로메테우스는 '먼저 생각하는 자'라는 뜻으로 제우스가 숨겨둔 불을 훔쳐 인간에게 줌으로써 문명을 일으킨 사람이다(프로메테우스 때문에 제우스가 화가 나서 그 유명한 '판도라의 상자' 사건이 시작되었다).

여름이라면 노천 카페의 파라솔 아래에서 시원한 음료 한 잔을, 겨울이라면 〈나홀로 집에 2〉의 캐빈처럼 크리스마스 트리 앞에서 소원을 빌거나 스케이트를 타보자. 뉴욕에서 영화 속 주인공이 되기는 이처럼 쉽다.

1 아이스링크로 변한 겨울의 로어 플라자.
2 노천 카페가 된 여름의 로어 플라자.

# *Top of the Rock* 탑 오브 더 록

## *Information*

📍 30 Rockefeller Plaza, New York, NY 10112
🚇 B, D, M, F line, 47~50th St. Rockefeller Center station
🕐 08:00~23:00

@ www.topoftherocknyc.com/
buy-tickets

### 엠파이어 빌딩이 보이는 야경 명소

뉴욕의 야경을 보려면 엠파이어 스테이트 빌딩에 가야 할까, 아니면 탑 오브 더 록 에 가야 할까? 이도저도 아니면 요즘 새로 뜨는 원 월드 전망대?

사실 각 장소마다 장단점이 있다. 우선 원 월드는 전면이 유리로 되어 있어 사진을 찍으면 내 모습이 비치기 쉽다. 야경이 깨끗하게 안 찍히는 단점이 있으므로 이왕이면 낮에 가는 것이 좋다. 엠파이어 스테이트 빌딩은 명실상부한 야경 명소이지만 안전 철망 때문에 아래를 제대로 보기 어렵다. 또한 자유의 여신상에 올라가면 자유의 여신상을 볼 수 없듯 엠파이어 스테이트 빌딩 전망대에 올라가면 야경 속 엠파이어 빌딩을 볼 수 없다.

엠파이어 스테이트 빌딩까지 보고 싶다면 탑 오브 더 록 에 가는 게 낫다. 철망도 없고 야경도 한눈에 들어온다. 입장료는 성인 30~36달러(시간대별로 가격 차이가 난다)로 싸지 않지만, 빅애플 같은 티켓을 구매하면 조금 더 저렴하게 갈 수 있다. 전망대는 관람 인원이 제한되어 있으므로 안전하게 가려면 예약을 하는 것이 좋다. 일몰 시간에 가는 것이 가장 좋지만 성수기라면 쉽지 않다.

해 지는 시간에 엠파이어 스테이트 빌딩과 뉴욕의 야경을 보고 있으면 가장 사랑하는 사람의 얼굴이 떠오른다. 함께 왔다면 가장 행복한 순간이 될 것이고, 함께가 아니라면 그 사람과 다시 올 것을 기약하게 된다.

1 탑 오브 더 록에서 맨해튼 마천루를 찍는 관광객들. 2 전망대에서 보는 엠파이어 스테이트 빌딩의 야경.

87

# *St. Patrick Cathedral* 세인트 패트릭 성당

*Information*

📍 14 E 51st St. 5th Ave., New York, NY 10022
🚇 E, M line, 5th Ave./53rd St. station

🕐 06:30~20:45
@ www.saintpatrickscathedral.org

### 중세에서 온 듯한 고딕 양식의 성당

패션과 쇼핑의 중심가라 불리는 5번가 한가운데에 위치한 세인트 패트릭 성당은 쇼핑을 하거나 모마, 록펠러 센터를 지날 때 자주 보게 된다. 명품 매장이 즐비한 거리에서 이 성당을 마주하면 중세에서 온 듯한 화려한 외관에 압도되어 이곳이 어디인지 생각하게 된다.

100미터에 달하는 2개의 첨탑과 고딕 양식으로 유명한 세인트 패트릭 성당은 J. 레비크가 설계한 것으로 1879년에 완성되었다. 내부에는 화려한 스테인드 글라스와 8,000개의 파이프 오르간이 있어 웅장함을 더한다.

이 성당은 내가 뉴욕 거리를 산책할 때 가끔 들어가 기도하던 곳이다. 조용한 성당에 앉아 이런저런 생각을 정리하거나 삶의 고민을 기도로 정리하고 나면 금세 마음이 평안해졌다. 빌딩숲 사이에 자리한 작은 오아시스 같은 곳이다.

1 세인트 패트릭 성당의 화려하고 웅장한 내부. 2 100미터에 달하는 첨탑 사이로 보이는 성당 건물.

# *United Nations Headquarters* UN 본부

## *Information*

📍 405 E 42nd St., New York, NY 10017
🚇 4, 5, 6, 7, S line, 42nd St.–Grand Central station
🕐 09:00~16:30(월~금), 10:00~16:30(토·일)

@ visit.un.org/content/
　tickets#individuals(티켓 예약)

**세계 평화의 수호자**

UN 본부는 그랜드 센트럴 터미널에서 동쪽에 있는 이스트 강
쪽으로 걷다 보면 1번가에 있다. 이 책에 간혹 언급하는 뉴욕
사는 친구가 일하던 곳이어서 여러 번 방문했다. 친구의 퇴근을
기다리며 가기도 했고, 운동 삼아 걸어서 출근하는 친구를 따라
가보기도 했다.

2차 세계대전이 끝난 후 존 록펠러가 기부한 부지에 UN 본부
가 세워졌으며 현재 192개의 회원국이 있다. 우리나라의 반기
문 총장이 8~9대 사무총장이었기 때문에 로비에 가면 그의 초
상화를 볼 수 있다.

UN 본부 내부는 인터넷으로 가이드 투어를 신청해 구경할 수
있는데, 한국어 투어가 있어서 영어를 못해도 부담 없이 신청할
수 있다. TV에서 자주 봤던 UN 총회 빌딩과 회의장 등을 가이
드의 상세한 설명을 들으며 볼 수 있다. 투어 비용은 성인 기준
20달러.

입구는 1번가와 45가에 있는데, 보안 검색이 철저하니 신분증
을 꼭 지참하도록 한다. 안에 들어서는 순간부터 이곳은 치외법
권 지역으로 미국의 영토가 아닌 UN의 국제 영토가 된다. 이런
이유로 여기서 보내는 엽서는 미국 도장이 아니라 UN 직인이
찍히는데, 이를 기념하고자 많은 사람들이 우체국이나 기념품
숍에서 엽서를 사서 부치기도 한다.

1 UN 건물 앞에서 펄럭이는 회원국 국기들.
2 UN 총 회의실. 3 전쟁의 종식을 갈망하
는 듯 총구가 밀려 있는 권총 조각작품.

# *Grand Central Terminal* 그랜드 센트럴 터미널

*Information*

📍 89 E 42nd St., New York, NY 10017
🚇 4, 5, 6, 7, S line, 42nd St.–Grand Central station

@ grandcentralterminal.com

## 수많은 영화 속 만남과 이별의 장소

브라이언트 공원에서 파크 애비뉴 쪽으로 걷다 보면 뉴욕 영화 속에서 자주 보던 '그랜드 센트럴 터미널'에 도착하게 된다. 뉴욕에는 2개의 큰 기차역이 있는데 하나가 펜 스테이션이고, 다른 하나가 그랜드 센트럴 터미널이다. 전자가 동서 방향의 기차역이라면 후자는 남북 방향의 기차역이라고 할 수 있다.
〈어벤져스〉, 〈맨 인 블랙〉 등의 영화와 〈가십 걸〉, 〈섹스 앤 더 시티〉 같은 미드에 나온 장소이지만 주의 깊게 보지 않는다면 이곳이 그곳인지 모를 수 있다. 젊은 로버트 드니로와 메릴 스트립을 볼 수 있는 영화 〈폴링 인 러브Falling in Love〉에서 기차를 타고 통근하던 둘이 만나던 장소도 이곳이고, 애니메이션 〈마다가스카〉에 나온 대형 시계도 이곳에 있다. 그랜드 센트럴 터미널의 상징으로 여겨지는 이 시계는 우리나라 돈으로 210억 원의 가치를 지닌다고 한다.

외부에서 보는 역 건물도 멋있지만 안으로 들어가면 유럽의 성인지 헷갈릴 정도로 근사하다. 이음새 없이 드넓게 펼쳐진 청록색 천장에는 2,500여 개의 별자리 벽화가 23K 금으로 그려져 있고, 아치형의 창문들은 높이만 23미터에 달한다고 하니 규모와 건축 기술에 놀랄 따름이다. 각 층을 비스듬히 설계해 무거운 짐을 들고 계단을 오르내리는 불편함을 없앤 점도 인상적이다. 지하에는 푸드코트와 고급 식재료를 파는 마켓 등이 있어 여행자의 식사를 책임진다.

1 그랜드 센트럴 터미널 건물 외관. 2 별자리가 새겨진 아름다운 청록색 천장. 3 이 시계탑은 높이 14미터로 티파니 유리로 만들어졌고, 동서남북 어디서나 볼 수 있다.

# *Bryant Park* 브라이언트 파크

## *Information*

📍 41 W  40th St., New York, NY 10018
🚇 1, 2, 3, B, D, F, M, N, Q, R line, 42nd St. station

🕐 07:00~22:00
@ www.bryantpark.org

### 뉴욕 직장인들을 위한 녹색 휴식처, 도서관의 정원

뉴욕 공립 도서관 뒤편에 있는 공원으로, 마천루가 병풍처럼 둘러져 있어 자연 요새 같은 느낌을 준다. 맨해튼에서 일하는 직장인들이 샌드위치와 커피를 먹거나 도서관에서 책을 보던 사람들이 휴식을 위해 찾기도 하는 소박한 공원이다. 여름에는 재즈 콘서트나 영화 상영을 하고, 한때는 일 년에 2번 패션위크가 열리기도 했다(지금은 링컨센터에서 열린다). 겨울에는 드넓은 잔디밭이 아이스링크로 변하고, 크리스마스가 되면 홀리데이 마켓이 열려 사시사철 시민들과 함께한다.

브라이언트 공원이 있는 자리에는 원래 뉴욕 시민에게 물을 공급하는 인공 저수지가 있었다고 한다. 지금과 같은 공원이 된 것은 시인이자 노예 해방 운동가였던 윌리엄 브라이언트를 기념하기 위해서였는데, 저수지 자리에 뉴욕 공립 도서관을 설립하고 그 앞 녹지를 브라이언트 파크라고 이름 지었다.

그런데 브라이언트 공원이 처음부터 뉴욕 시민들의 사랑을 받았던 것은 아니다. 일반 도로보다 1.2미터 높은 위치와 공원을 빽빽하게 둘러싼 키 작은 나무들은 주변과의 격리를 가져왔고, 공원은 마약중독자와 부랑자, 창녀들의 소굴이 되어버렸다. 결국 건축가 로리 올린이 나무를 베고 출입구를 늘려 어디서나 쉽게 공원을 찾을 수 있게 만든 후에야 뉴요커를 위한 진정한 공원으로 거듭날 수 있었다. 잘못된 것을 고치고 수정해나가는 노력이 있었기에 지금의 뉴욕이 되지 않았나 싶다.

# *New York Public Library* 뉴욕 공립 도서관

*Information*

📍 476 5th Ave., New York, NY 10018
🚇 1, 2, 3, B, F, M, N, Q, R line, 42nd St. station
🕐 10:00~19:45(화·수), 10:00~17:45(월·목·토), 13:00~17:00(일)

@ www.nypl.org

## 뉴욕의 가장 아름답고 완벽한 도서관

미국에서 3번째로 큰 도서관으로, 이곳에서는 헤아릴 수 없이 많은 할리우드 영화와 미드가 촬영되었다. 영화 〈투모로우〉에서 거대한 해일이 닥칠 때 주인공이 숨어든 곳도 여기였고, 〈섹스 앤 더 시티〉에서 캐리가 결혼하고 싶어했던 곳도, 영화 〈고스터 바스터즈〉에서 귀신이 등장했던 으스스한 곳도 바로 여기였다. 뉴욕은 항상 그렇다. 그냥 보면 아무것도 아니지만, 막상 영화에 나오면 더 특별해 보이는 어떤 판타지가 있다.

책을 좋아하는 내게 뉴욕 공립 도서관은 하루 종일 있어도 지루하지 않은 곳이다. 세상의 모든 책이 다 있을 것만 같은 엄청난 서고와 수천 명이 들어와도 충분한 웅장하고 클래식한 열람실은 감탄사가 나오기에 충분하다.

뉴욕 공립 도서관은 보자르 양식으로 지어진 건축물로 1911년에 토머스 헤이스팅스가 설계했다. 도서관 입구에 있는 2개의 사자상은 에드워드 포터가 만든 것인데, 남쪽을 향한 사자는 '인내Patience'를, 북쪽을 향한 사자는 '불굴의 정신Fortitude'을 의미한다고 한다.

도서관을 둘러본 후에는 '로즈 리딩 룸Rose Reading Room'에 꼭 들러보자. 5층 높이는 되어 보이는 높은 천장에 큰 창문으로 햇살이 쏟아지고 오크나무 테이블에 빈티지한 놋쇠 느낌의 램프까지 더해져 분위기가 정말 멋스럽다. 피곤하면 도서관 정원인 브라이언트 파크 잔디밭에서 신선한 공기를 마실 수도 있으니 그야말로 완벽하다.

1 두 개의 사자상이 있는 보자르 양식의 도서관. 2 도서관 내부의 로즈 리딩 룸.

# *Paley Park* 페일리 공원

*Information*

📍 3 E 53rd St., New York, NY 10022
🚇 E, M line, 5th Ave./53rd St. station

🕐 08:00~21:00
@ www.nycgovparks.org

에코 카페 같은 53가의 휴식처

여름이 다가오는 6월 말의 어느 날, 모마를 나와 5번가를 향해 걷다가 우연히 이곳을 발견했을 때 나는 무엇인지도 모르면서 다가가 사진을 찍었다. 마치 콘크리트 정글 속에서 발견한 작은 쉼터 같았다.

건축 용어로 '포켓 파크Poket Park'라고 하는 이곳은 복잡한 도심에서 휴식 공간을 제공하기 위해 또는 도시 경관을 좋게 할 목적으로 조성된 미니 공원이다. 윌리엄 페일리는 시가 제조업자로 큰 성공을 거둬 막대한 돈을 벌자 자금 사정이 어려웠던 작은 방송사 CBS를 인수해서 세계적인 미디어 그룹으로 키운 인물이다. 그가 기부한 부지에 지은 포켓 파크가 바로 '페일리 공원'이다.

6미터 남짓한 폭포와 12그루의 나무, 철제 벤치는 디자인의 힘이 얼마나 강한지 보여준다. 폭포를 타고 불어오는 바람과 물방울들은 열섬과 같은 맨해튼을 시원하게 식혀준다. 눈을 감고 벤치에 앉아 폭포 소리를 듣고 있으면 한 줄기 시원한 바람이 지나가는 숲 속에 와 있는 듯하다.

# *Radio City Music Hall* 라디오 시티 뮤직홀

*Information*

📍 1260, 6th Ave., New York, NY 10020
🚇 B, D, M, F line, 47–50th St. Rockefeller Center station

@ www.radiocitychristmas.com
(티켓 가격)

**로케츠가 펼치는 최고의 크리스마스 쇼**

록펠러 센터 소속으로 약 6,000여 석을 보유한 세계 최대 규모의 실내 극장이다. 1932년에 지어졌는데 주로 영화 상영이나 뮤지컬 공연, 가수의 콘서트가 열린다. 매년 6월에는 미국 브로드웨이 연극인들의 축제인 토니상 시상식도 개최된다.

이곳을 소개하려는 이유는 매년 크리스마스 즈음에 시작되는 〈크리스마스 스펙터큘러〉라는 공연 때문이다. 36명으로 이루어진 전속 무용단 로케츠Rockettes의 화려한 의상과 절도 있는 댄스, 무대 장식, 특수효과는 뉴욕의 크리스마스를 결코 잊을 수 없는 추억으로 만들어준다. 1933년부터 시작된 이 쇼는 11월부터 12월 말까지 계속되는데, 뮤지컬처럼 스토리가 있는 공연이 아니라 노래와 춤, 코미디를 적절하게 섞은 레뷰Revue 형식의 공연이다. 대사가 거의 없어 영어에 어려움이 있는 사람도, 아이들과 함께 온 가족도 즐겁게 볼 수 있다.

한 사람이 추는 것처럼 정확하게 맞춰진 칼군무, 이층버스가 무대에 등장하는 장면, 나무병정 의상을 입은 무용수들이 줄줄이 쓰러지는 장면 등은 너무 신기해서 입이 다물어지지 않는다. 특히 3D 안경을 착용하면 산타가 북극에서 뉴욕으로 날아오는 여정이 생생하게 보여지는데, 알면서도 놀라지 않을 수 없다. 관람을 위해서는 2, 3층보다 1층이 좋다.

꼭 공연 때문이 아니더라도 건물 자체가 예술적이고 역사적이니 근처를 지날 때 기념사진 한 장 찍어보자.

1 〈크리스마스 스펙터큘러〉로 유명한 라디오 시티 뮤직 홀. 2 캉캉춤으로 유명한 무용단 로케츠.

# *Luke's Lobster* 루크스 랍스터

## *Information*

📍 700 8th Ave., New York, NY 10036 Inside the
City Kitchen Food Hall l, New York, NY 10036
🚇 1, 2, 3, 7, N, Q, R, W line, Times Sq. 42nd St. station

🕐 11:00~22:00(목~토),
11:00~21:00(일~수)
@ www.lukeslobster.com

### 입안에서 솜사탕처럼 녹아 없어지는 랍스터 샌드위치

샌드위치에 랍스터를 넣어 먹는다니 선뜻 이해가 되지 않을 수 있지만, 미국 해안가 지역에서는
꽤 인기 있는 음식이다. 루크스 랍스터는 푸드트럭에서 시작해 현재는 뉴욕에만 14개의 지점을
가지고 있는 랍스터 샌드위치 체인점이다. 타임스 스퀘어에도 지점이 있는데, 브로드웨이 뮤지컬
을 보러 가기 전 간단하게 요기를 하기에 좋다. 메뉴로는 랍스터롤, 게살로 만든 크랩롤, 통새우
가 들어간 슈림프롤, 그리고 루크스 트리오가 있다. 이 중 루크스 트리오를 주문하면 랍스터 꼬리
반 마리와 크랩롤 반 개, 슈림프롤 반 개를 한꺼번에 맛볼 수 있으며, 가격은 20달러 정도이다.
레몬버터를 넣은 랍스터에 이 집의 특제 시즈닝을 뿌려 샌드위치를 한입 베어 물면 입안에서 랍
스터가 살살 녹아 없어진다. 버터의 고소한 향도 일품이지만 빵도 부드럽고 식감이 풍부해 왜 랍
스터 샌드위치가 인기 있는지 이해가 간다.

1 대표 메뉴를 모두 맛볼 수 있는 루크스 트리오. 2 맨해튼 건물을 바라볼 수 있는 바 좌석. 3 랍스터 샌드위치로 유명한 루크스 랍스터.

# *Le Pain Quotidien* 르 팽 쿼티디엥

## *Information*

📍 70 W 40th St., New York, NY 10018
🚇 N, Q, R, W line, Times Sq. 42nd St. station
    B, D, F, M line, Times Sq. 42nd St. station
🕐 07:00~21:00(월~금), 08:00~21:00(토·일)

@ www.lepainquotidien.com

### 뉴욕 어디에나 있는 신선한 유기농 베이커리

르 팽 쿼티디엥은 '일상의 빵'이라는 뜻이다. 벨기에에 본사가 있는 유기농 베이커리 겸 카페로 파리, 런던을 넘어 뉴욕에만 30여 개의 매장이 있다. 브런치를 먹거나 신선한 유기농 주스에 북유럽 스타일의 빵이나 샐러드, 과일 등을 먹기에 좋다.

여행지에서는 특별한 음식도 좋지만 질 좋은 음식을 부담없이 먹을 수 있는 곳도 필요하다. 스타벅스가 특별하진 않지만 기본적인 맛과 분위기 때문에 가게 되는 것처럼 말이다. 르 팽 쿼티디엥이 꼭 그렇다.

모르는 사람과도 함께 앉아야 하는 큰 테이블과 넓은 실내 때문에 일부러 찾아오는 사람도 많다. 건강식과 칼로리에 관심이 많다면 가보기를 권한다. 뉴욕에 가면 반드시 한끼는 이곳에서 브런치를 한다는 지인이 추천한 곳으로 뉴요커에게도 인기가 많은 곳이다. 햇볕이 좋다면 브라이언트 파크 점에 들러 신선한 빵과 주스를 포장해 공원 벤치에서 먹어도 좋겠다.

1 벨기에 유기농 베이커리, 르 팽 쿼티디엥의 외관. 2 유기농 재료로 만든 신선한 브런치 메뉴.

# *Obao* 오바오

*Information*

📍 222 E 53rd St., New York, NY 10022
🚇 E, M line, Lexington Ave./53rd St. station

🕐 11:30~22:30
@ obaony.com

**맨해튼에서 쌀국수를 가장 잘하는 집**

뉴욕에서 직장을 다녔던 지인이 가르쳐준 태국 음식점이다. 술
마시고 해장하는 데 쌀국수Pho만 한 것이 없는데, 이 집이 맨해
튼에서 쌀국수를 가장 잘한다고 소문난 곳이란다. 매장 분위기
가 독특해서 데이트 장소로도 괜찮을 것 같다. 가격도 합리적이
고 음식도 맛있다.

맨해튼 최고의 쌀국수를 시켜도 좋고 팟타이 같은 음식을 시켜
도 좋지만, 이곳에서 내가 가장 추천하고 싶은 메뉴는 꼬치를
곁들인 버뮤셀리이다. 버뮤셀리를 권하는 이유는 일단 우리나
라에서 쉽게 접할 수 없고, 설령 있다고 해도 뉴욕에서 먹는 맛
이 안 나기 때문이다.

버뮤셀리는 각종 채소를 넣은 찬 쌀국수에 구운 새우나 숯불 향
이 나는 돼지고기를 올린 다음 새콤달콤한 피시 소스를 가미한
특제 소스에 비벼 먹는 베트남식 비빔국수이다. 채소와 쌀국수
를 젓가락으로 집은 다음 고기를 싸서 소스에 한 번 살짝 휘저
어 먹으면 너무 맛있어서 절로 웃음이 난다. 헬스 키친 지역에
위치하고 있으므로 모마나 록펠러 센터를 갈 때 들르면 좋다.
이외에도 뉴욕에 3개의 지점이 있으니 적당한 곳을 찾아가도
된다. 저녁 시간에는 웨이팅이 있을 수 있으니 예약을 하고 가
기를 권한다.

1 태국, 베트남 음식점 오바오 외관. 2 베트
남식 비빔국수인 버뮤셀리.

# *Wu Liang Ye* 우량예

*Information*

📍 36 W 48th St., New York, NY 10036
🚇 B, D, M, F line, 47-50th St. Rockefeller Center station

🕐 12:00~21:30
@ wuliangyenyc.com

### 뉴욕에서 먹는 만족스러운 사천 음식

뉴욕에 오래 산 현지인이 추천해준 사천요리 식당이다. 양식은 싫고, 뉴욕에서 한국 음식 먹기는 좀 아까울 때 가기 좋다.

사실 나도 처음부터 외국 음식을 잘 먹었던 건 아니다. 10년 전 중국 사천 지방을 여행한 적이 있는데, 그 당시만 해도 사천요리가 입에 맞지 않아 고생했던 기억이 난다(지금이었다면 아마 하루 세끼도 모자랄 만큼 잘 먹었을 테지만!). 하지만 여행을 통해 다양한 현지 음식을 계속 접하다 보니, 이제는 어디에 가서 무엇을 먹든 현지의 맛을 즐길 줄 알게 되었다. 그러고 보니 내 미각은 오랜 여행이 만들어낸 결과물인 셈이다.

짭짤한 베이컨볶음, 다진 마늘과 기름을 넣고 센 불에 볶아낸 채소, 산초가 듬뿍 들어간 사천식 마파두부를 주문했다. 중국 음식을 먹는 데 꼭 필요한 채소볶음은 이거 하나만 가지고도 밥 한 그릇 뚝딱할 수 있을 만큼 한국인 입맛에도 잘 맞으니 곁들이기 좋다. 미슐랭과 함께 권위 있는 레스토랑 평가지 〈저갯 서베이〉에서 A를 받은 곳이니 믿고 가보자. 영화 〈화양연화〉를 연상시키는 오래된 중국풍 인테리어는 이 식당의 덤.

1 모마 근처에서 걸어갈 수 있는 사천요리 레스토랑. 2 마파두부와 베이컨채소볶음.

### ★ 저갯 서베이 Zagat Survey

〈미슐랭 가이드〉는 소수의 전문가(음식평론가·미식가)가 주축이 되어 평가하는 반면, 〈저갯 서베이〉는 레스토랑을 이용해본 다수의 일반인을 대상으로 설문조사를 실시해 이를 토대로 평점을 매긴다. '미식가를 위한 바이블', '여행할 때 신용카드 다음으로 챙겨야 할 필수품'으로 꼽힌다.

# Lillies Victorian Establishment

릴리스 빅토리안 이스태블리시먼트

*Information*

📍 249 W 49th St., New York, NY 10019
🚇 1, 2, E line, 50th St. station

🕐 11:00~16:00(월~금),
　　10:00~16:00(토·일)
@ www.lilliesnyc.com

**뉴욕에서 만나는 영국식 레스토랑**

뉴욕에 사는 지인에게 이 식당을 추천받았을 때는 '가서 브런
치나 간단하게 먹고 와야지' 하는 마음이었다. 그런데 들어가니
와우! 뉴욕 한복판에 영국의 오래된 식당을 들여놓은 듯했다.
앤티크한 그림으로 가득한 천장, 낡은 기둥, 벽에 걸린 클래식
한 액자와 의자까지 완벽하게 영국 빅토리아 시대였다.
점심은 11시부터 오후 4시까지 가능한데, 샌드위치에 샐러드
나 프렌치 프라이가 나오고, 여기에 맥주나 와인까지 제공되어
가성비가 훌륭하다. 주말에는 브런치 메뉴가 있다.
나는 평일에 간 터라 런치 메뉴와 영국에 갔을 때 맛있게 먹었
던 홍합찜을 주문했다. 포카치아에 아보카도, 두툼한 베이컨, 계
란이 들어간 '아보카도 BLT'와 치킨, 케일이 들어간 라비올리,
마늘과 올리브유를 넣은 홍합찜과 마늘 바게트가 모두 신선하
고 맛있어서 감탄사를 연발했다.

크리스마스에는 내부 인테리어를 워낙 화려하게 해서 산타마
을에 와 있는 듯한 착각을 일으킨다고 하니, 크리스마스 즈음에
뉴욕에 있다면 한 번 더 방문하고 싶은 곳이다(이 식당에 반해서
이곳을 추천해준 지인의 말은 미슐랭가이드 못지 않게 신뢰했다).
유니언 스퀘어 지점과 타임스 스퀘어 지점이 있는데 메뉴가 약
간씩 다르니 모두 방문해도 후회하지 않을 것이다.

1, 2 영국 빅토리안 시대를 떠올리게 하는
식당 내부. 3 런치 메뉴로 주문한 홍합찜과
BLT, 라비올리.

# *Disney Store* 디즈니 스토어

### *Information*

📍 1540 Broadway, New York, NY 10036
🚇 N, Q, R, W line, Times Sq. 42nd St. station

🕐 09:00~01:00
@ www.shopdisney.com

**디즈니 영화를 사랑하는 사람이라면 꼭!**

디즈니의 모든 캐릭터 인형과 모형, 피규어를 볼 수 있다. 만화나 영화 스토리를 바탕으로 꾸민 곳이라 아이뿐 아니라 어른도 재미있게 구경할 수 있다.

자유의 여신상 모습을 한 미키마우스가 상점에 들어서자마자 눈에 띈다. 1층과 2층에는 디즈니의 시발점이 된 만화 주인공 미키마우스와 미니마우스를 비롯해 여자아이들의 워너비인 〈겨울왕국〉의 엘사, 〈인사이드 아웃〉의 귀여운 캐릭터들, 〈토이 스토리〉와 〈마다가스카〉의 동물들, 그리고 키덜트족이 절대 그냥 지나칠 수 없는 〈스타워즈〉의 BB8과 다스 베이더 의상, 광선검 등이 진열되어 있어 혼을 쏙 빼놓는다. 전시 상품 외에 방문 고객들을 상대로 디즈니 영화 퀴즈 이벤트 등을 열기도 한다.

아이가 있는 엄마라면 엘사 옷이나 스파이더맨 캐릭터 티셔츠를 사서 입혀보고 싶은 생각이 저절로 든다. 심호흡 한 번 하고, 다음 달에 나올 카드값을 각오하고 들어가기를.

1 자유의 여신상으로 변장한 미키마우스. 2 어른도 좋아할 만한 〈스타워즈〉 옷과 광선검. 3 디즈니 영화의 캐릭터 인형들.

# *m&m's World* 엠 앤 엠즈 월드

*Information*

📍 1600 Broadway, New York, NY 10019
🚇 N, Q, R, W line, Times Sq. 42nd St. station
🕐 09:00~24:00(월~목·일), 09:00~01:00(금·토)

@ www.mmsworld.com

## 엠 앤 엠즈 초콜릿으로 만들 수 있는 모든 것

단순히 새 알처럼 생긴 초콜릿만 파는 곳이 아니다. '엠 앤 엠즈 초콜릿 로고로 만들 수 있는 모든 상품을 만들고야 말겠어'라고 결심이라도 한듯 엠 앤 엠즈 로고가 박힌 각양각색의 상품이 구비되어 있다. 엠 앤 엠즈 초콜릿 얼굴을 한 자유의 여신상부터 가방, 옷, 신발, 문구류, 컵, 주방용품, 앞치마까지 이루 다 헤아릴 수 없을 정도이다. 왜 m&m's world라는 이름을 가지게 되었는지 알 수 있을 것 같다.

각종 용기에 담긴 색색의 엠 앤 엠즈 초콜릿을 구경하다 보면 어렸을 때 즐겨 먹던 그 맛이 떠올라 슬그머니 한 통 사게 된다. 아이들과 함께 뉴욕을 찾았다면 꼭 한 번 들러보기를. 초콜릿 마니아라면 근처에 있는 허쉬스 초콜릿 월드HERSHEY's Chocolate World도 놓칠 수 없다. 상품의 종류는 적지만 초콜릿 종류가 다양하다.

---

1 자유의 여신상 복장을 한 엠 앤 엠즈 초콜릿. 2 구매 욕구를 불러일으키는 알록달록한 초콜릿들. 3 엠 앤 엠즈 초콜릿으로 만든 각종 물품들.

# *Arts in Midtown* 미드타운의 예술 작품들

## LOVE 조형물

우리나라 사람들에게도 많이 알려진 LOVE 조형물은 팝아트 작가인 로버트 인디애나의 1964년 작품이다. 모마 근처에 있으므로 가는 길에 들러도 좋은데, 인기 있는 장소이니 만큼 사진을 찍으려는 관광객의 줄이 항상 있다. 6번가와 55가 사이에 위치해 있으며, 7번가와 53가 사이에는 HOPE 조형물도 있으니 들러보자.

*Information*

W 55th St. & 6th Ave., New York, NY 10019

## 록펠러 센터 정문, 지혜

록펠러 센터 입구에는 독실한 기독교 가문이라는 것을 나타내려는 듯 성경 말씀(이사야 33:6 지혜와 지식이 늘 네 시대에 있으리라)과 함께 리 오스카 로리Lee Oscar Lawrie의 '지혜Wisdom'라는 작품이 전시되어 있다. 또한 로비에는 미국 역사를 나타내는 100여 점의 벽화가 있어 볼거리를 제공한다.

*Information*

45 Rockefeller Plaza, New York, NY 10111

## 아틀라스 조각

록펠러 센터 앞에 자리한 아틀라스 동상으로 리 로리의 작품이다. 그리스 로마 신화에 나오는 아틀라스 신은 원래 '짊어지는 자'라는 뜻으로, 올림푸스 신인 제우스에 대항해 싸우다 패배하여 가장 무겁고 큰 벌로 세상을 두 어깨에 짊어지게 되었다고 한다. 예전에는 세상을 짊어진다는 게 무슨 뜻인지 몰랐는데, 나이가 들고 사회생활을 하다 보니 그동안 우리 아버지들이 짊어진 삶의 무게가 아틀라스의 그것이 아니었나 하는 생각이 든다.

*Information*

45 Rockefeller Plaza, New York, NY 10111

## 뉴욕 근교의 명품 아웃렛

### 우드베리 아웃렛 Woodbury Outlet

맨해튼에서 1시간 30분가량 버스를 타면 갈 수 있는 뉴욕 근교의 가장 큰 명품 아웃렛이다. 시간도 걸리고 비용도 만만치 않아서 코치 가방이나 나이키 신발 한 켤레 사려고 여기를 가는 것은 권하지 않는다. 어디까지나 저렴한 가격에 여러 가지 명품 쇼핑을 하고 싶은 사람들을 위한 곳이다.

많은 매장들을 다 돌아보려면 족히 하루는 다 써야 한다. 샤넬, 구찌, 프라다, 토리버치 등 240여 개가 넘는 명품 매장과 바니스 뉴욕, 니만 마커스, 삭스 피프스 애비뉴 등의 백화점이 한곳에 있어 편리하다. **하루 종일 쇼핑을 해도 사이보그처럼 지치지 않는 사람들에게는 어떤 명소보다도 즐거운 곳이 될 수 있다.**

화장품, 의류, 가방, 신발에서 주방 도구 등이 저렴한 가격에 판매되므로 가히 '쇼핑의 천국'이라는 생각이 든다. 아웃렛 웰컴 센터에서 쿠폰 바우처를 받아서 들어가는데, 원하는 매장을 미리 지도에 표시하면 효율적으로 다닐 수 있다.

📍 498 Red Apple Ct, Central Valley, NY 10917

🚌 포트 오소리티 버스터미널에서 Shortline Coach USA 탑승(왕복 42달러) / 그루폰에서 왕복 25달러로 할인 티켓 구매 가능(www.groupon.com/deals/shortline-coach-usa)

🕐 09:00~21:00

@ www.premiumoutlets.com/outlet/woodbury-common

# *A Walk in New York*

# Central Park &
# Upper East & West Side

#  ⊙ *Central Park & Upper East & West Side*

센트럴 파크 & 어퍼 이스트 & 웨스트 사이드

**뉴욕의 허파로 불리는 공원, 박물관과 고급 아파트가 있는 부촌**

땅값 비싸기로 유명한 맨해튼의 중심부에 이렇게 큰 공원이 있다니……. 미국은 공원을 지척에 둔 지역에 고급 아파트가 들어선다. 영화에서 보던 레깅스 차림으로 조깅하는 탄탄한 근육의 뉴요커들이 이 센트럴 파크 주변에 산다.

고급 주택가를 구경하는 일에 특별히 흥미가 있는 게 아니라면, 이 지역은 대부분 센트럴 파크와 박물관, 명품 숍들을 보러 오게 된다. 전통적인 부촌으로 알려진 어퍼 이스트 사이드와 신흥 주거지로 떠오르는 어퍼 웨스트 사이드, 그리고 그 사이에 있는 센트럴 파크를 살펴보자.

센트럴 파크 동쪽인 어퍼 이스트는 백만장자들이 사는 지역으로 뉴욕 최대 박물관인 메트로폴리탄 뮤지엄과 구겐하임 뮤지엄, 노이에 갤러리가 있으며, 명품 부티크와 고급 레스토랑, 호텔들이 즐비하다. 센트럴 파크 서쪽인 어퍼 웨스트에는 자연사 박물관이 있으며 어퍼 이스트와 함께 신흥 부자들이 살고 있다.

어퍼 타운을 소개하다 보니 문득 영화 〈프로포즈The Proposal〉에서 출판사 편집장인 마가렛(산드라 블록 분)이 부하 직원 앤드류(라이언 레이놀즈 분)에게 어디 사는지 물어보면서 자신은 어퍼 웨스트에 산다고 자랑했던 대사가 생각난다.

처음 뉴욕에 가면 메트로폴리탄이나 구겐하임, 자연사 박물관 등을 돌아보는 것만으로도 보통 며칠이 걸린다. 따라서 식당이 목적이 아니라면 주택가는 과감히 생략하고, 미술관과 박물관을 중점적으로 본 다음 센트럴 파크에서 뉴요커의 여유를 느끼는 편이 좋다.

# *Central Park* 센트럴 파크

*Information*

📍 59~110th St.(between 5th Ave. & Central Park W)
🚇 A, B, C, D line, 59th St. Columbus Circle station
　　N, Q, R line, 5th Ave./59th St. station

🕐 06:00~01:00
@ www.centralpark.com

## 맨해튼에서 하루를 보내기 가장 좋은 곳

맨해튼에서 딱 한 곳만 선택해 하루를 보내야 한다면 나는 주저하지 않고 센트럴 파크를 고를 것이다. 늦은 나이에 유학길에 오른 나는 학기가 시작되기 전 뉴욕에서 일주일을 머물렀다. 당시 국제기구에서 일하는 친구의 퇴근을 기다리며 센트럴 파크 잔디밭에 앉아 있었다. 랩탑으로 뭔가를 열심히 작업하는 대학생, 돗자리에 누워 속삭이는 연인, 유모차를 끌고 산책하는 주부, 주인과 열심히 뛰어다니는 강아지들과 둥실 떠가는 흰구름도 있었다. 여유롭고 평화로웠다. 그 순간 문득, 뉴요커가 뭐 별건가 싶었다. 잔디밭에 누워 햇살을 즐길 작은 여유가 있다면 그가 바로 뉴요커가 아니겠는가.

센트럴 파크는 1857년 조경가 프레데릭 로 옴스테드와 캘버트 보가 설계해 만든 공원으로, 동서로는 5번가에서 8번가까지, 남북으로는 59가에서 110가까지 해당된다. 면적은 340만제곱킬로미터로 여의도의 약 1.2배이다. 맨해튼의 엄청난 땅값을 생각하면 돈으로는 환산할 수 없는 가치를 지닌 셈이다.

센트럴 파크에는 단순히 녹지만 있는 것은 아니다. 메트로폴리탄 박물관이나 자연사 박물관 등과도 연결되어 있다. 공원 입구가 여러 곳이라서 혼란스러울 수 있지만, 첫 방문이라면 콜럼버스 서클 역 입구에서 시작하자. 근처에서 자전거를 빌릴 수도 있고 말똥 냄새를 맡으며 낭만적인 마차를 탈 수도 있다.

센트럴 파크는 지금까지 총 300편이 넘는 영화에 등장했다고 한다. 고전 영화인 〈러브 스토리〉, 〈티파니에서 아침을〉을 필두로 〈해리가 샐리를 만났을 때〉, 〈고스트 버스터즈〉, 〈뉴욕의 가

1 잔디밭이 펼쳐진 거대한 광장, 그레이트 론. 2 센트럴 파크를 조망하기 좋은 벨베데레 성. 3 겨울에는 스케이트장으로 변하는 울먼 링크.

을〉, 〈어벤져스〉, 심지어 애니메이션 〈개구쟁이 스머프〉에까지 나왔다. 뉴욕의 대표적인 관광지로 하루를 다 투자해도 아깝지 않다.

★ **센트럴 파크에서 갈 만한 곳**

❶ **컨서버터리 가든** Conservatory Garden: 프랑스, 영국, 이탈리아 정원.

❷ **재클린 캐네디 오나시스 저수지**: 공원 면적의 1/8로 뉴욕에 공헌한 재클린의 이름을 따서 만든 호수.

❸ **그레이트 론** Great Lawn: 거대한 잔디 광장.

❹ **셰익스피어 정원** Shakespeare Garden: 매년 여름 셰익스피어 축제가 열리는 곳.

❺ **델라코트 극장** Delacorte Theater: 매년 여름 뉴욕필하모닉의 무료 야외공연이 열리는 곳.

❻ **벨베데레 성** Belvedere Castle: 센트럴 파크의 경관을 조망하기 좋은 곳.

❼ **로에브 보트하우스** Loeb Boathouse: 영화 〈해리가 샐리를 만났을 때〉에 나오는 호수로 배를 빌릴 수 있다.

❽ **스트로우베리 필드** Strawberry Field: 존 레논을 추모하는 공간.

❾ **베데스다 분수** Bethesda Fountain: 물의 천사인 베데스다 청동상이 있는 분수.

❿ **시프 메도우** Sheep Medow: 양들이 풀을 뜯던 목초지였으나 지금은 뉴욕 시민들의 피크닉 장소.

⓫ **더 몰** The Mall: 시인의 산책길로 거대한 느릅나무가 늘어서 있는 길.

⓬ **울먼 링크** Wollman Rink: 여름에는 인라인, 겨울에는 스케이트장으로 변신. 〈세렌디피티〉라는 영화의 배경지.

⓭ **센트럴 파크 동물원** Central Park Zoo: 애니메이션 〈마다가스카〉에서 동물들이 탈출한 곳.

# *Metropolitan Museum of Art*
## 메트로폴리탄 박물관

*Information*

📍 1000 5th Ave., New York, NY 10028
🚇 4, 5, 6 line, 86th St. station
   Bus M 1, 2, 3, 4, Madison Ave./83rd St.

🕐 10:00~17:30(일~목),
   10:00~17:30(금·토)
@ www.metmuseum.org

## 세계 3대 박물관의 위용

영국의 대영박물관, 프랑스의 루브르박물관과 함께 세계 3대 박물관으로 손꼽히는 메트로폴리탄 박물관Met은 규모와 내용 면에서 가히 압도적이다. 시기로는 고대에서 중세, 현대에까지 이르고, 지역으로는 동양에서 서양까지 전 지역에 걸쳐 330만여 점의 유물과 예술품을 소장하고 있다. 짧은 역사에도 불구하고 왜 Met가 세계 3대 박물관이 되었는지를 짐작케 한다. 3,000여 점의 유럽 회화 작품 중에는 미술 문외한도 고개를 끄덕이는 작품들이 많다. 미술시간에 한 번쯤 본 그림들이 눈앞에 있다는 사실에 놀라게 될 것이다.

파리에 머물고 있던 미국인들이 독립기념일을 축하하는 모임에서 박물관 설립을 제안해서, 1870년에 처음 개관하게 되었다. 고딕 양식의 웅장한 건물과 입구의 높은 계단은 들어가기 전부

터 작품에 대한 기대감을 갖게 한다. 미드 〈가십 걸〉에 나오는 블레어처럼 정문 계단에 앉아 사진 한 장 찍고 들어가보자.

Met에는 족히 3일은 감상해야 할 만큼 많은 전시품이 있다. 작품을 관람하다가 피곤하거나 배가 고프면 잠깐 나가서 센트럴 파크의 시원한 바람을 맞거나 근처에서 요기를 하고 재입장하는 것이 좋다.

### ★ Met를 효율적으로 감상하는 방법

#### 1 입장료를 내야 한다

지난 50년간 Met는 원하는 만큼 내고 들어가는 도네이션(기부금) 입장이었지만 뉴욕에 사는 사람이 아니라면 2018년 3월 1일부터는 25달러의 입장료(성인 25달러, 경로 17달러, 학생 12달러, 12세 이하 무료)를 지불해야 들어갈 수 있다. 대신, 티켓을 사면 3일간 입장이 가능하다. '더 메트 브로이어The Met Breuer'와 '더 메트 클로이스터스'에서도 사용할 수 있다.

#### 2 꼭 봐야 할 작품부터 확인한다

하루에 다 보기엔 전시품이 너무 방대하므로 꼭 봐야 할 작품들을 먼저 확인한 다음 동선을 정하는 것이 좋다. 1층은 주로 고대부터 중세까지, 2층은 유럽과 미국의 고전 및 근현대 작품들이 전시되어 있다.

#### 3 오디오 가이드나 가이드 투어를 듣는다

한국어 오디오 가이드는 7달러이며, 스마트폰이 있다면 앱을 다운받아 무료로 들을 수 있지만 이어폰을 미리 준비해야 한다. 또한 한국어로 진행되는 가이드 투어도 있으니 시간이 맞으면 신청해서 들어도 좋다.

1 이집트 덴두르 사원 건물 잔해. 2 유럽의 회화 작품들이 전시된 관.

### 이집트관 Egyption Art

왕조 이전 시대(기원전 3100년)부터 콥트 시대(600년대)까지 고대 이집트의 유물, 석관, 회화, 공예품을 3만 6,000점 전시하고 있다. 하트셉수트 여왕의 조각상과 아름다운 조각품, 미이라와 작은 피라미드, 덴두르 사원까지 헤아릴 수 없을 정도이다. 유물이 너무도 많아서 과연 이집트엔 남아 있는 게 있을까 싶다.

### 19~20세기 유럽 회화관 European Paintings

Met에서 가장 인기 있는 곳은 800번대가 있는 19~20세기 유럽 회화관이다. 고흐의 〈삼나무가 있는 밀밭〉, 드가의 〈14세의 춤추는 소녀와 댄스 수업〉이 있고, 〈진주 귀걸이를 한 소녀〉로 우리에게 잘 알려진 요하네스 베르메르의 〈젊은 여자의 초상〉, 〈주전자를 잡은 젊은 여자〉가 있다. 이외에도 클로드 모네의 〈생타드레스의 정원〉, 오귀스트 르누아르의 〈피아노 치는 소녀들〉, 파블로 피카소의 〈거투르드 스타인의 초상화〉 등 신고전주의, 낭만주의부터 인상파, 후기인상파에 이르는 쟁쟁한 작품들이 다수 전시되어 있다.

3 하트셉수트 여왕 조각(이집트관). 4 에드가 드가의 〈14살의 작은 무희〉(유럽 회화관). 5 빈센트 반 고흐의 〈삼나무가 있는 밀밭〉(유럽 회화관). 6 클로드 모네의 〈생타드레스의 정원〉(유럽 회화관).

### 미국관 The American Wing

독일 화가 엠마누엘 로이체가 그린 〈델라웨어 강을 건너는 워싱턴〉에서부터 존 싱어 사전트의 〈마담 X〉 등의 그림이 전시되어 있다.

### 그리스 로마관 Greek & Roman Art

그리스와 로마의 조각과 도기, 각종 세공품과 건물들을 전시하고 있다.

### 근현대미술 Modern & Contemporary Art

에드워드 호퍼, 모딜리아니, 칸딘스키, 미로, 에곤 실레, 파블로 피카소 등의 작품을 볼 수 있다.

이외에도 중세와 르세상스 시대 이탈리아 화가들의 작품과, 미국 근대미술, 프랑스 화가들의 작품도 전시되어 있다.

7 존 싱어 사전트의 〈마담 X〉(미국관). 8 엠마누엘 로이체의 〈델라웨어 강을 건너는 워싱턴〉(미국관). 9 아르테미스 사원의 기둥(그리스 로마관). 10 그리스 테라코타 시상용 암포라(그리스 로마관). 11 에드워드 호퍼의 〈등대의 두 개의 불빛〉(근현대 미술관).

# *American Museum of Natural History* 미국 자연사 박물관

*Information*

📍 Central Park West & 79th St., New York, NY 10024
🚇 B, C line, 81st St. station

🕐 10:00~17:45
@ www.amnh.org

영화 〈박물관이 살아 있다〉의 그곳

이혼남 래리(벤 스틸러 분)는 일자리를 구하기 위해 자연사 박물관에 갔다가 야간 경비원 면접을 보게 된다. 이상하게 진행되는 면접에 합격한 후 첫날 밤 경비를 서는데 보고도 믿을 수 없는 광경을 목격한다. "밤이면 모든 것이 살아 움직여!"

엄청나게 큰 티라노사우루스가 쫓아오기도 하고, 물소 떼와 인디언들, 모아이 석상, 사자와 맘모스까지 밤이면 깨어나는 이 괴상한 박물관 이야기는 어린이뿐 아니라 어른까지 박물관에 대한 환상을 불러일으키기에 충분했다.

영화 〈박물관이 살아 있다〉의 배경지가 된 자연사 박물관은 센트럴 파크의 서쪽인 어퍼 웨스트 77가에서 81가 사이에 자리하고 있다. 지하 1층에서 지상 4층까지의 건물에 3,600만 점 이상의

전시품을 소장하고 있는 세계적인 박물관이다. 우주과학관, 화석관, 동물관, 환경관, 인간과 문화 관 등으로 구성되는데, 4층의 공룡전시관에서 아래층으로 내려오면서 관심 있는 관 위주로 골라 서 관람하면 좋다.

가장 인기 있는 공룡관에는 우리나라에서는 한 개만 있어도 사람들이 엄청나게 몰릴 듯한 공룡 화석들이 즐비한데, 그중에서도 육식동물 최강자인 티라노사우루스 화석이 단연 눈에 띈다. 이외 에도 책에서만 보던 모든 종류의 공룡 화석이 있으니 꼭 한 번은 가보기를.

정가를 주고 티켓을 살 수도 있지만 원하는 만큼 낼 수 있는 도네이션 입장도 가능하다. 뉴욕의 미술관이나 박물관에는 대체로 코트나 짐을 맡길 수 있는 '코트 체크Coat Check'가 있으므로 무 거운 옷이나 가방은 맡기고 가벼운 차림으로 입장하자.

### ★ 층별 전시

#### 로비층 & 1층
인류기념관, 인디언관, 해양생물관, 북미 포유류관, 헤이든 플래니테리엄 우주쇼 등이 있다.

#### 2층
남아메리카인을 비롯한 지역 인류관과 아시아, 아프리카 포유류관 등이 있다.

#### 3층
영장류관, 북미 조류관, 파충류 및 양서류관 등이 있다.

#### 4층
용반류 공룡관, 조반류 공룡관, 원시 포유류관 등이 있다.

1 무서운 육식공룡인 티라노사우루스 렉스 화석.  2 해양생물관의 고래 모형.

# *Plaza Hotel* 플라자 호텔

*Information*

- 768 5th Ave., New York, NY 10019
- N, R line, 5th Ave. station
- 09:00~24:00(월·목·일), 09:00~01:00(금·토)

@ www.theplazany.com/eloise
www.theplazany.com
homealone2

## 영화 〈나 홀로 집에 2〉와 동화 《엘로이즈》의 배경지

센트럴 파크 동남쪽 입구이자 5번가와 맞닿은 곳에 위치한 플라자 호텔은 뉴욕의 역사 건축물로 지정된 유서 깊은 건물이다. 원래는 도널드 트럼프 대통령의 소유였으나 지금은 인도 재벌이 소유하고 있다.

관심이 없다면 그냥 지나치기 쉽지만, 알고 보면 내로라하는 예술들이 사랑하고 수많은 영화에도 등장한 유명한 호텔이다. 《위대한 개츠비》의 작가 스콧 피츠제럴드가 자주 가던 호텔이었을 뿐 아니라, 1973년에 만들어진 〈추억The Way We Were〉이라는 영화에서 로버트 레드포드와 바브라 스트라이샌드가 이혼 후 세월이 지나 우연히 다시 만난 곳도 이 호텔 앞이었다. 누구나 다 아는 크리스마스 영화 〈나 홀로 집에 2〉의 'Lost in New York' 편에서 캐빈이 묵었던 호텔도 이곳이다.

하지만 내가 이 호텔에 간 이유는 '엘로이즈Eloise'를 만고 싶어서였다. 이 조숙한 꼬마 숙녀의 이야기는 1955년 케이 톰슨과 힐러리 나이트가 쓴 《나야, 엘로이즈 여기는 뉴욕》에서 처음 등장했다. 엄마와 떨어져 유모와 뉴욕의 플라자 호텔 꼭대기층에 사는 7살짜리 소녀에 관한 이야기로, 출간되자마자 베스트셀러에 오르며 선풍적인 인기를 끌었다.

오래되었지만 클래식하고 럭셔리한 로비에는 엘로이즈와 캐빈을 느낄 수 있는 사진과 책, 영화 장면들이 전시되어 있다. 책 속 엘로이즈의 방을 재현한 객실과 〈나홀로 집에 2〉의 캐빈 스페셜 패키지도 있다고 한다.

1 플라자 호텔 외관. 2 로비에 전시되어 있는 동화 《엘로이즈》 굿즈.

# *Guggenheim Museum* 구겐하임 미술관

세계적인 건축가 프랭크 로이드 라이트가 설계한 미술관

20세기 건축사에서 가장 영향력 있는 인물이라고 일컬어지는
프랭크 로이드 라이트Frank Lloyd Wright가 설계한 건물로 독
특한 외관으로 유명한 미술관이다. 광산 재벌이자 철강사업가
인 솔로몬 구겐하임의 요청으로 프랭크는 직선 위주의 건물들
이 주를 이루었던 맨해튼에 곡선과 연속 공간으로 이루어진 큰
달팽이 모양의 건축물을 만들었다.

구겐하임 미술관은 나선형 통로를 따라 걷다 보면 맨 꼭대기층
까지 그림을 감상하며 올라갈 수 있게 되어 있다. 맨 위층에서
내려다보는 모습이나 아래에서 위를 올려다보는 광경이 미술품
이상으로 뛰어나서 미술이나 건축 애호가라면 가보는 게 좋다.
20세기 구상·추상작품뿐 아니라 칸딘스키, 피카소, 고흐, 샤갈
의 작품이 전시되어 있다.

### Information

- 📍 1071 5th Ave., New York, NY 10128
- 🚇 4, 5, 6 line, 86th St. station
  Bus M 1, 2, 3, 4, Madison
  Ave./91st St.
- 🕐 10:00~17:45(일~수·토),
  10:00~19:45(금)(목 휴무)
- @ www.guggenheim.org

# *Neue Galerie* 노이에 갤러리

영화 〈우먼 인 골드〉 속 클림트 그림이 있는 곳

노이에 갤러리는 독일과 오스트리아 미술품을 전시하는 갤러리
로 '노이에'는 독일어로 '새로운'이란 뜻이다. 〈키스〉로 우리나
라에도 잘 알려진 화가 구스타프 클림트는 자신의 후원자이자
연인이었던 유명 은행가의 아내 아델레의 초상화를 그렸는데,
세계 최고의 경매가를 기록한 그 〈아델레 블로흐-바우어의 초
상〉이 이곳에 있다.

갤러리가 작아서 입장객 수를 제한하기 때문에 항상 줄이 길게
늘어선 것을 볼 수 있다. 아침 일찍 또는 비 오는 날에 가거나,
1층에 있는 카페 사바스키에서 커피 한 잔 마시며 줄이 줄어들
기를 기다려 입장할 수 있다.

### Information

- 📍 1048 5th Ave., New York, NY 10028
- 🚇 4, 5, 6 line, 86th St. station
  Bus M 1, 2, 3, 4, 86th St.
- 🕐 11:00~18:00(월·목~일)
  (화·수 휴무)
- @ www.neuegalerie.org

# *Quality Meats* 퀄러티 미츠

*Information*

57 W 58th St., New York, NY 10019
F line, 57th St. station / N, R, W line, 5th Ave./59th St. station
11:30~22:30(월~수), 11:30~23:30(목~토), 11:30~22:00(일)

@ www.qualitymeatsnyc.com

## 좋은 고기를 합리적인 가격에 먹는 스테이크 하우스

뉴욕 하면 스테이크! 한국 사람들에게 알려진 곳은 피터 루거와 울프강 하우스이지만, 개인적으로는 '퀄러티 미츠'를 꼭 추천하고 싶다. 피터 루거가 맛이 없다는 것은 아니지만 가격이너무 비싸고 예약하기 힘들 뿐 아니라 현금만 받는다. 그 돈 주고 한국 사람들 틈에서 두 달 전에 예약해서 먹는 것보다는 인테리어가 멋진 식당에서 뉴욕 현지인이 즐겨 먹는 가성비 좋은스테이크를 먹는 것은 어떨까.

테이블은 저녁 6시가 되면 만석이 될 정도로 인기가 많다. 친구들과 방문했는데 뉴요커의 멋진 회식 자리를 볼 수 있어서 좋았다. 추천받은 스테이크를 주문하고(드라이 에이징 포터하우스스테이크가 1인분에 55달러), 사이드 디시로 감자와 크림 드스피나치, 그리고 와인을 주문했다. 주문을 끝내면 곧바로 식전빵이 나오는데 버터만 발라 먹어도 맛있다. 스테이크는 소고기를 그다지 좋아하지 않는 나도 인정할 수밖에 없는 맛이었다.고기 속은 부드러운데 겉은 바삭하고, 지방이 살살 녹으면서도씹는 맛이 있었다.

저녁 시간에는 예약을 하고 가길 권한다. 여러 명이 함께 간다면 추천을 받아서 부위별로 스테이크를 주문해 서로 비교하며먹어보자. 점심에는 조금 더 저렴한 가격에 먹을 수 있다.

1 퀄러티 미츠 식당 내부. 2 어마어마한 크기의 드라이에이징 공법으로 숙성된 스테이크.

## 브롱크스 동물원 Bronx Zoo

'뉴욕에서 동물원을?' 하며 반문할 수도 있겠지만 **미국에서 가장 크고, 세계에서 두 번째로 큰 동물원이 바로 '브롱크스 동물원'이다.** 입장권이 싸지는 않지만 아이와 함께 여행 중이거나 동물을 엄청 좋아한다면 절대 놓칠 수 없는 곳이다. 너무 넓어서 걸어 다니기보다는 셔틀버스를 타고 다니며 원하는 동물을 골라서 보는 것이 현명하다.

📍 2300 Southern Blvd., Bronx, NY 10460
@ bronxzoo.com

## 뉴욕 양키스 구장 Yankee Stadium

뉴욕 양키스 구단은 월드 시리즈에서 가장 많이 우승한 메이저 리그의 최고 명문구단으로 손꼽힌다. 2009년에 새로 지은 양키스 구장은 맨해튼의 위쪽인 브롱크스에 위치해 있다. **경기를 볼 생각이라면 한국에서 미리 표를 예매해야 한다.** 익스플로러 투어 패스가 있다면 40분 정도 진행하는 구장 투어를 들을 수 있다. 경기를 못 보더라도 시간적 여유가 있다면 들러볼 만하다.

📍 1 E 161st St., Bronx, NY 10451
@ www.mlb.com/yankees/tickets/single-game-tickets(티켓 예매)

## 식스 플래그 그레이트 어드벤처 Six Flags Great Adventure

**세계에서 가장 높은 롤러코스터인 킹다 카가 있는 놀이공원으로, 놀이기구를 즐긴다면 꼭 가봐야 할 곳이다.** 맨해튼이 아니라 뉴저지에 있으므로 포트 오소리티 버스터미널이나 뉴저지에 있는 뉴왁 펜 스테이션 Newark Penn Station에서 교통+입장권 패키지 표를 구매하는 것이 좋다. 성수기가 아니면 주말에만 운영하니 가기 전에 홈페이지를 꼭 확인해보자.

📍 1 Six Flags Blvd., Jackson, NJ 08527
@ www.sixflags.com/greatadventure

# *A Walk in New York*

# Chelsea &
# Greenwich Village

# ⦿ *Chelsea* 첼시

## 뉴욕에서 가장 매력적인 동네

수직으로는 14가에서 31가, 수평으로는 6번가에서 허드슨 강까지
이르는 지역을 '첼시'라고 부른다. 우리나라의 군산이나 인천 차이
나타운에 있을 법한 오래된 적색 벽돌 건물들이 인상적인 동네로,
군데군데 낡은 벽돌조차도 빈티지한 멋을 풍긴다.

첼시에서 가장 핫한 곳은 미트패킹 디스트릭트Meatpacking District
이다. 영어로 들으면 왠지 근사해 보이지만 사실 우리나라로 치면
마장동 도축장 같은 곳이었다고 할 수 있다. 냉장고가 없던 시절 소
나 돼지를 도축, 가공해서 각 시장으로 내다 팔았던 이곳은 울부짖
는 가축과 앞치마에 피를 묻힌 도축공들이 득실대던 곳이었는데
아이러니하게도 지금은 뉴욕에서 가장 핫한 곳이 되었다.

냉장고의 발명으로 고기 도축이 줄어든 데다 치솟는 소호의 임대
료 덕분에 갈 곳 없는 예술가들이 첼시로 몰리면서부터 변화가 시
작되었다. 갤러리가 하나둘 들어서기 시작했고, 갤러리를 따라 자
유분방한 젊은 부유층들이 이전하면서 지금의 첼시로 점차 탈바꿈
했다. 현재는 고급 디자이너 숍과 갤러리, 공중정원인 하이 라인 파
크가 들어서면서 뉴욕의 명소로 자리매김했다.

뉴욕에는 갈 데가 수도 없이 많지만, 그래도 꼭 하루 시간을 내서
첼시의 갤러리와 첼시 마켓, 허드슨 강 주변의 첼시 피어, 하이 라
인 파크 등을 돌아보기를 권한다. 옛것을 허물지 않고 예술을 덧입
혀 재사용하는 뉴욕 특유의 문화를 느끼기에 적합한 곳이다.

# *Chelsea Market* 첼시 마켓

*Information*

📍 75 9th Ave., New York, NY 10011

🚇 A, C, E, L line, 8th Ave./14th St. station

🕐 07:00~02:00(월~토),
08:00 ~ 22:00(일)

@ www.chelseamarket.com

오레오 쿠키 공장의 화려한 변신

첼시 마켓은 뉴욕을 처음 방문하는 사람이라면 꼭 가봐야 하는 'must-go place'로, 100여 년 전에는 오레오 같은 과자를 만들어내던 쿠키 공장(1900년대에 오레오를 만든 나비스코The National Biscuit Company가 세운 공장)이었다. 쿠키 공장이었다는 얘기를 듣고 나서 첼시 마켓을 가니 〈찰리와 초콜릿 공장〉처럼 벽돌에도 달콤한 초콜릿 버터 냄새가 배어 있을 것만 같아 혼자 웃었던 기억이 있다.

큰 해머로 뻥 뚫어놓은 것 같은 통로, 부서져 내릴 듯한 벽돌이 잔존하는 벽, 금방이라도 물이 떨어질 것만 같은 천장의 수도 배관들……. 오래된 낡은 공장을 그대로 살리면서도 현대적인 느낌의 오브젝트를 전시하고 있어 커다란 갤러리 같다. 이색적인 분위기와 곳곳에 걸린 그림들은 이

곳이 마켓이란 사실을 잊게 만든다.

첼시 마켓이 '꼭 가야 하는 장소'인 데에는 멋진 인테리어와 함께 먹는 즐거움이 크기 때문이다. 이 건물에는 유명한 베이커리와 식당들, 고급스러우면서도 다양한 식료품 가게들이 다수 입점해 있다. 첼시에 식당을 내려면 엄청난 경쟁을 치러야 한다고 하니, 이곳에 입점한 식당과 가게들은 모두 기본 이상의 맛과 질이 보장된 곳이라고 해도 무방하다.

뉴욕에서 가장 맛있는 빵을 만든다는 에이미스 브레드Amy's Bread, 예쁜 케이크와 브라우니로 유명한 팻 위치 베이커리Fat Witch Bakery, 진한 에스프레소 전문점 나인 스트리트 에스프레소Nine Street Espresso, 그리고 〈섹스 앤 더 시티〉를 통해 뉴욕 브런치 식당으로 잘 알려진 사라베스Sarabeth's와 진열된 랍스터를 바로 쪄서 고소한 버터물에 찍어 먹는 랍스터 플레이스The Lobster Place까지 엄선된 맛집들이 즐비하다. 이외에도 예쁜 그릇과 향신료 등 다양한 식재료를 파는 상점들이 우리의 눈과 코를 자극한다.

1 첼시 마켓 복도의 허물어진 벽. 2 첼시 마켓의 상점 이름과 위치를 알려주는 표지판. 3 첼시의 아지트 같은 카페 '나인 스트리트 에스프레소'. 4 예술작품인지 오래전부터 있었던 것인지 헷갈리는 우물. 5 마켓 곳곳에는 갤러리처럼 미술 작품이 전시되어 있다.

# *High Line Park* 하이 라인 파크

*Information*

- Meatpacking District 의 Gansevoort St.에서
  West 34th St.까지(10th Ave.와 12th Ave. 사이)
- 07:00~19:00(12.1~3.31), 07:00~22:00(4.1~5.31),
  07:00~23:00(6.1~9.30), 07:00~22:00(10.1~11.30)

- www.thehighline.org
  www.thehighline.org/visit/#/
  access(입구 정보)

## 버려진 철길이 뉴욕의 명소로, 서울로의 원조

미트패킹 디스트릭트와 첼시에 걸쳐 있는 하이 라인 파크는 원래 1930년대에 만들어진 산업용 철도였다. 전부터 이 지역은 마차와 철도, 사람, 자동차가 오가는 혼잡한 곳이었는데, 교통사고가 빈번히 일어나고 도로가 심하게 복잡해지자 문제를 해결하기 위해 고가철도를 건설했다. 하지만 세상이 바뀌어 열차가 아니라 대형 트럭이 화물을 운송하게 되면서 철길은 더 이상 쓸모가 없어 졌다. 그렇게 버려진 철길에는 잡초가 무수히 자라났고, 얼마 지나지 않아 도시의 흉물이 되어 버 렸다. 녹슨 철근 콘크리트 구조물을 없애고 그 자리에 아파트를 짓자는 이야기도 나왔지만 뉴욕 시는 그러지 않았다. 고가철도를 역사보전지구Historic Destrict로 지정하고 원래의 모습을 지키

면서도 새롭게 디자인적인 요소를 가미해 멋진 시민 공원으로
완성시켰다.

주말에 가면 놀이공원에 온듯 많은 인파에 휩쓸리지만 평일 이
른 아침에는 산책하기 좋다. 모닝커피 한 잔 들고 하이 라인 파
크에 가서 아무도 없는 길을 산책하는 것은 내가 뉴욕에서 가장
좋아하던 코스 중 하나였다. 사람이 없는 공원을 걷다 보면 왠
지 비밀의 화원에 초대된 손님 같은 기분이 들었다.

하이 라인 파크는 2, 3층 높이에 있는 공중정원이라 뉴욕의 오
래된 건물들을 새로운 각도에서 볼 수 있다는 점이 매력적이다.
또한 걸으면서 마주하게 되는 나무와 풀, 꽃도 아름답고, 예술
작품 같은 의자와 쉼터, 영화관을 연상시키듯 도로를 향해 있는
창문들이 매혹적이라 나도 모르게 사진을 찍게 된다. 허드슨 강
의 석양을 보며 산책하거나, 나무로 만들어진 선베드에 누워 책
을 읽는 것도 하이 라인 파크를 즐기는 방법 중 하나이다.

하이 라인 파크를 모델로 하여 우리나라에 서울로가 만들어졌
는데, 서울로보다 친환경적이면서도 예전의 모습을 보전한 느
낌을 준다. 보전과 개발, 이 두 가지 사이에서 균형을 맞추는 것
이 쉬운 일은 아니겠지만 서울로에는 어딘가 아쉬움이 남는 것
도 사실이다.

휘트니 미술관이 있는 갱스부르 스트리트Gansevoort Street에
서 시작해 34가까지 총 2.33킬로미터이며, 걸어서 40분 정도
소요된다. 입구가 여러 곳이니 가기 전에 지도를 잘 보고 가까
운 곳을 찾아 들어가자.

°공원 입구: 14th St., 16th St., 17th St., 20th St., 23rd St., 26th St., 28th St., 30th St.,
30th St.와 11st Ave., 34th St.와 12th Ave.

1 선베드에 누워 햇실을 즐기는 뉴요커들.
2 극장처럼 만들어 도로를 볼 수 있는 스폿.
3 지상에서와 다른 시선으로 보게 되는 뉴
욕의 오래된 건물들.

# *The Lobster Place* 랍스터 플레이스

## *Information*

📍 75 9th Ave., New York, NY 10011
🚇 A, C, E, L line, 8th Ave./14th St. station
🕐 09:30~21:00(월~토), 10:00~20:00(일)

@ www.chelseamarket.com

## 1인 1랍스터가 가능한 곳

첼시 마켓을 처음 가는 한국 사람들이 꼭 들르는 곳이다. 랍스터가 다른 음식에 비해 싸다고는 할 수 없지만, 한국보다는 합리적이고 저렴한 가격에 먹을 수 있다.

먼저 랍스터를 고르고 사이드 디시를 주문하면 결제 후 내가 고른 랍스터를 찜통에 바로 쪄준다. 일단 이곳에 왔다면 1인 1랍스터를 주문하는 게 옳다. 가족과 함께 간 뉴욕 여행에서 늦은 점심을 먹었다고 3명이 랍스터 한 마리만 시켰다가 후회한 적이 있기 때문이다. 버터에 내장과 랍스터 살을 찍어 먹다 보면 어느새 다 사라지고 껍질만 남아 옆 테이블의 랍스터를 흘긋거리게 된다. 한 마리를 주문하는 게 부담스럽다면 랍스터와 사이드 디시 하나를 같이 주문하는 것도 좋다.

1 즉석에서 랍스터를 쪄주는 바. 2 버터 소스와 함께 나온 뜨끈뜨끈한 랍스터. 3 랍스터는 먹기 좋게 잘라준다.

# *Antropolgy* 앤트로폴로지

*Information*

📍 75 9th Ave., New York, NY 10011
🚇 A, C, E, L line, 8th Ave./14th St. station

🕐 10:00~21:00
@ www.anthropologie.com

## 라이프스타일 편집숍의 모든 것

앤트로폴로지는 어반 아웃피터스Urban Outfitters를 만든 딕 헤인이 런칭한 라이프스타일 편집숍으로 펜실베이니아 웨인에서 시작되었다. 30, 40대 여성들이 패션뿐 아니라 생활 전반에 필요한 물품(가구와 식기, 주방용품, 데코 등)에서도 독특하고 스타일리시한 제품을 선호한다는 것을 알고, 미술관의 큐레이터가 작품을 선정하듯 물건을 모아놓았다.

사실 앤트로폴로지는 첼시 마켓에만 있는 것은 아니다. 하지만 첼시 마켓에서 배불리 먹고 나면 꼭 소화를 시킨다는 핑계(?) 하에 이곳에 들르게 된다.

앤트로폴로지스러운 의류와 액세서리들은 아이쇼핑의 즐거움을 충분히 느끼게 해준다. 이외에도 그릇, 문구류, 침구, 가구, 향수에 이르기까지 우리 집에 하나쯤 들여놓고 싶은 품목들이 가득하다. 여자여자한 사람이 아니어도 이곳에서 2시간 보내는 것은 일도 아니다. 한국에는 없는 브랜드이므로 한 번쯤 들러서 구경해 볼 만하다. 매장 한쪽 구석이나 지하에 세일하는 품목들을 따로 모아놓기도 하는데, 잘 고르면 독특한 디자인의 제품을 싼 가격에 득템할 수 있다. 아주아주 천천히 모든 물건을 하나씩 다 살펴보고 싶은 욕심이 나는 곳이다.

1 색색의 유니크한 소품들. 2 스르르 잠이 올 것만 같은 침구와 생활용품. 3 독특한 디자인의 옷들을 골라놓은 의류 코너.

# Greenwich Village 그리니치 빌리지

### 미드에 나오는 뉴요커들이 사는 동네

첼시 스탠포드 호텔에서 아래쪽으로 내려가면 아름다운 타운하우스가 있는 그리니치 빌리지가 나온다. 14가에서 휴스턴 스트리트까지를 말하는데, 맨해튼의 서쪽에 있어 '웨스트 빌리지'라고도 불린다.

보통 맨해튼은 '그리드Grid'라고 불릴 만큼 구획이 확실히 나누어지지만, 그리니치 빌리지 만큼은 예외이다. 물의 흐름에 따라 길이 만들어져서 그렇다는 이야기도 있고 대지주가 마음대로 길을 내서 그렇다는 말도 있다. 길을 잃었다고 생각하지 말고 그냥 발길 닿는 대로 천천히 걸으면서 휴스턴 스트리트까지 내려가보자.

그리니치 빌리지에는 〈프렌즈〉에 나왔던 건물도 있고, 〈섹스 앤 더 시티〉의 캐리가 살던 아파트도 있다. 컵케이크로 유명한 매그놀리아 카페를 비롯해 소박하면서도 정감 넘치는 브런치 식당들과 오래된 건물 1층에 자리한 부티크와 브랜드 숍들도 많아서 걷는 재미가 있다. 특히 블리커 스트리트Bleeker Street를 따라서 요즘 핫하다고 소문난 숍들이 많으니 놓치지 말자. 대중적인 관광지는 아니지만 뉴요커의 일상이 살아 숨 쉬는 곳이라 더 특별한 느낌이 든다.

그리니치 빌리지에는 뉴욕대NYU와 뉴욕대의 앞마당이라고 불리는 워싱턴 스퀘어 파크, 보헤미안과 《작은 아씨들》의 작가가 살았던 집들, 그리고 《마지막 잎새》와 같은 소설의 배경지로 쓰였던 건물들이 있어 문학을 사랑하는 사람들에게도 뜻깊은 동네이다.

# *Tartine* 타르틴

*Information*

📍 253 W 11st St., New York, NY 10014
🚇 L line, 8th Ave. station
🕐 09:30~22:30(월~금), 10:00~22:30(토·일)

@ tartine.nyc

## 가정식 브런치 맛집

그리니치 빌리지를 걷다가 발견한 브런치 카페. 겨울이었지만 유난히 따뜻한 햇살 때문이었는지 야외 테이블까지 손님이 북적였다. 뉴욕은 이처럼 햇살만 좋으면 겨울이라도 야외 테이블이 인기이다.

실내로 들어가니 좁은 공간에 테이블이 다닥다닥 붙어 있었다. 트레이닝복에 슬리퍼를 끌면서 갈 수 있는 동네 맛집 같은 분위기가 사뭇 정겨웠다. 첼시의 스탠포드 호텔부터 이곳까지 걷다 보니 배가 많이 고팠지만 아무 곳이나 들어갈 수 없어서 고르고 골라 선택한 식당이었다.

브런치계의 베스트셀러인 에그베네딕트와 언뜻 보면 스테이크처럼 보이는 프렌치토스트, 그리고 감자샐러드가 곁들여 나오는 시금치 오믈렛을 주문했다. 에그베네딕트는 부드러우면서도 진득한 홀랜드 소스가 제대로였고, 메이플 시럽을 뿌린 프렌치토스트는 고소한 버터향이 좋았다. 추가요금 없이 커피를 수시로 리필해주는 것도 마음에 들었다.

애플팬케이크가 어느 테이블에나 올려져 있는 걸로 봐선 이 집의 시그니처 메뉴인 듯하다. 카드는 받지 않으니 꼭 현금을 준비해 가도록 하자.

1 야외 테이블에서 브런치를 즐기는 사람들. 2 옹기종기 모여 앉은 식당 내부. 3 브런치 메뉴인 에그베네딕트.

# *Magnolia Bakery* 매그놀리아 베이커리

*Information*

📍 401 Bleecker St., New York, NY 10014
🚇 1 line, Christopher–Sheridan Sq. station
🕐 09:00~22:30(월~목·일), 09:00~23:30(금·토)

@ www.magnoliabakery.com

〈섹스 앤 더 시티〉로 유명해진 뉴욕 최고의 컵케이크 가게

맨해튼에 여러 지점이 있지만 그중에서도 〈섹스 앤 더 시티〉에 나온 그리니치 빌리지 점이 가장 유명하지 않을까 싶다. 사실 매그놀리아를 말할 때면 항상 꺼내는 에피소드가 있다. 뉴욕에서 공부하고 있을 때 동생 부부가 출장으로 뉴욕에 방문한 적이 있다. 뉴욕에 처음 오는 사람들이 대개 그렇듯 동생 부부도 장거리 비행에 몸이 피곤할 법한데도 여러 곳을 돌아보려는 욕심에 이른 아침 비행기에서 내리자마자 강행군을 했다.

뉴욕 여기저기를 돌아다니다 보니 어느덧 해가 기울기 시작했다. 사실 제부는 녹초가 되어가고 있었는데 동생과 나는 뉴욕에 있는 일분일초가 아까워 잠시도 쉬지 않았다. 그러다 매그놀리아를 발견했고 들어가서 앉자마자 이 집의 인기 메뉴인 레드벨벳 컵케이크와 바나나 푸딩을 시켰다. 그전까지 입 한 번 떼지 않던 제부가 바나나 푸딩을 먹더니 '너무 힘들어서 쓰러질 뻔했는데 이거 먹고 살아났다'고 기뻐했다. 소가 아프면 낙지를 먹이고, 강아지가 아프면 북어를 먹어야 기운을 차리듯, 제부에게 바나나 푸딩은 낙지나 북어와 다를 바 없었던 모양이다.

당 떨어지고 기운 빠질 때는 매그놀리아에 들러 바나나 푸딩과 크림이 듬뿍 올려진 레드벨벳 컵케이크에 진한 에스프레소 한 잔을 시켜보자. 매장에는 좌석이 없지만 대각선 방향의 놀이터에는 캐리와 미란다가 앉아 수다 떨던 벤치가 있으니 간 김에 사진 한 장 찍어보자.

1 사람들로 항상 붐비는 매그놀리아 카페. 2 크림을 가득 얹은 먹음직스러운 컵케이크. 3 가게 안에 걸려 있는 〈섹스 앤 더 시티〉의 한 장면.

# *Bookmarc* 북마크

*Information*

📍 400 Bleecker St., New York, NY 10014
🚇 1 line, Christopher–Sheridan Sq. station
🕐 11:00~19:00(월~토), 12:00~18:00(일)

@ www.marcjacobs.com

## 마크 제이콥스에 관한 모든 것

블리커 스트리트 초입에 위치한, 뉴욕 출신의 세계적인 패션디자이너 마크 제이콥스가 운영하는 서점이다. 이곳은 '마크 제이콥스 거리'라고 해도 손색이 없을 만큼 그의 매장들이 늘어서 있다. 북마크 외에도 '마크 바이 마크 제이콥스', '리틀 마크 제이콥스', '마크 제이콥스 맨' 등이 보란 듯 감각적인 외관을 자랑한다. 블리커 스트리트를 패셔너블하게 만든 장본인이 마크 제이콥스라고 해도 무리가 없을 듯하다.

북마크는 네이밍이 정말 기가 막히다. 영어 Bookmark(책갈피)에서 철자 하나를 바꾸니 멋진 고유명사가 되었다. 누가 마크 제이콥스 서점 아니랄까봐 본인이 좋아하는 소설책에서부터 고전을 비튼 저널까지 특이한 책들이 가득하다. 세계적인 디자이너의 장르를 넘나드는 독특한 독서 취향을 살펴보는 재미가 있다고 할까. 마크 제이콥스 로고가 박힌 키링이나 볼펜 같은 문구용품, 액세서리, 지갑, 가방 등도 하나쯤 사고 싶을 만큼 매력적이다.

1 마크 제이콥스의 이름을 절묘하게 변형시킨 북마크 서점의 외관. 2 마이 제이콥스의 취향을 보여주는 진열품들.

## 소프트 스워브 아이스크림 Soft Swerve Ice Cream

뉴요커의 SNS를 알록달록하게 물들이는 **핫한 아이스크림 가게**이다. 로어 이스트 사이드에 있어 소호를 갈 때 방문하면 좋다. 녹차, 흑임자, 코코넛, 우베맛 등에 다양한 색깔의 시리얼이나 마시멜로, 코코넛, 젤리 등을 올리면 보는 것만으로도 기분이 좋아진다. 묵직할 정도의 양에 진한 아이스크림 맛이지만 느끼하지 않아서 좋다.

📍 85B Allen St., New York, NY 10002
@ www.softswervenyc.com

## 라 뒤레 마카롱 La Duree Macharons

프랑스 귀족의 디저트였던 마카롱은 이제 전 세계인의 사랑을 받는 디저트가 되었다. **라 뒤레는 세계 3대 마카롱 중 하나**로 현재 마카롱의 모양을 탄생시킨 곳이다. 달달한 것을 좋아하지 않는 사람도 라 뒤레의 마카롱을 한입 베어 물면 종류별로 다 먹고 싶어진다. 마카롱 외에 브런치 메뉴도 판매한다.

📍 864 Madison Ave., New York, NY 10021
@ www.laduree.fr/en/laduree-new-york-madison.html

## 르베인 베이커리 쿠키 Levaine Bakery Cookies

**많은 뉴요커와 유명 셰프가 추천하는 베이커리 숍이다.** 어퍼 웨스트 사이드에 있는 반 지하의 작은 가게인데 쿠키를 사려는 사람들의 발길이 끊이지 않는다. 다크초코칩, 다크초코 피넛버터칩, 초코칩 월넛, 오트킬 쿠키 등을 파는데, 매장이 좁아 대부분 포장해서 가므로 줄은 금방 줄어드는 편이다. 쿠키라기보다는 스콘처럼 두툼해서 빵 같은 느낌이다. 맛은 부드럽고 촉촉하면서도 약간 달기 때문에 아메리카노나 홍차와 같이 먹으면 좋다.

📍 2167 Frederick Douglass Blvd., New York, NY 10026
@ www.levainbakery.com

*A Walk in New York*

# *Midtown 02*
## (Korea Town 주변)

# ⑤ *Korea Town* 한인타운 주변

## 뉴욕 중심가에서 만나는 한국의 향기

평소 나는 '한국 음식 안 먹어도 살 수 있다'고 할 정도로 빵을 좋아하던 사람이었지만, 미국에 있으면서 나는 뼛속까지 한국 사람이라는 것을 깨달았다. 언어는 바꾸어 살 수 있어도(평생 한국말을 안 하고 살 수는 있어도) 음식은 바꾸지 못한다는 말은 괜히 하는 말이 아니었다.

출근길 아침마다 김밥 가게에서 픽업하던 김밥도, 엄마가 끓여 주던 된장찌개도, 할머니가 만들어주시던 만둣국도, 심지어 그다지 좋아하지 않는다고 생각했던 순대조차도 그렇게 그리울 수가 없었다. 내가 공부하던 버팔로에는 한국음식점이 많지 않아서 좋든 싫든 제대로 된 한식을 먹으려면 뉴욕에 자주 올 수밖에 없었다. 겉으론 뉴욕의 멋진 분위기를 즐기는 듯했지만, 사실 속으론 한식으로 한국에 대한 향수를 달래고 있었던 것 같다.

뉴욕의 한인타운은 맨해튼 중심가에 자리하고 있어서 관광지를 오가다 자주 지나게 된다. 브로드웨이와 32가가 만나는 곳에서 시작해 5번가와 6번가에까지 이른다. 미드타운에 속하는 지역으로 미드타운 남쪽의 이스트와 웨스트가 만나는 부분에 있다. 주변에는 펜 스테이션, 메이시스 백화점, 엠파이어 스테이트 빌딩, 아마존 북스, 에이스 호텔 등이 있어서 맨해튼의 중심지 역할을 톡톡히 한다.

뉴욕 같은 대도시에 오면 아무리 강심장이라도 약간은 긴장하게 마련인데, 그때 한인타운에서 한국말로 된 친숙한 간판과 식당, 서점, 화장품 가게, 빵집, 한인마트들을 보면 편안함을 넘어 안도감까지 느끼게 된다. 가격은 한국보다 비싸지만 맛있는 식당들이 꽤 있으니 가끔 이용해도 좋겠다.

# *Empire State Building* 엠파이어 스테이트 빌딩

*Information*

📍 350 5th Ave., New York, NY 10118
🚇 B, D, F, V, N, Q, R, W line, 34th Herald Sq. station

🕐 08:00~02:00
@ www.esbnyc.com

## 뉴욕의 낭만과 감성을 담은 상징적인 빌딩

영화 〈러브 어페어〉에서 마이크(워렌 비티 분)와 테리(아네트 베닝 분)는 5월 8일, 오후 5시 2분에 엠파이어 스테이트 빌딩 전망대에서 만나기로 하고 헤어진다. 약혼자가 있는 두 사람은 비행기에서 우연히 만나 사랑에 빠지게 되고, 결국 주변을 정리하고 3개월 후에 재회하기로 약속한 것이다. 하지만 그날 여자는 나타나지 않았고, 남자는 해가 지고 어두워진 엠파이어 전망대에서 한참을 기다리다 쓸쓸이 집으로 돌아간다. 1995년엔 이런 슬로우 러브가 있었다.

영화의 결말을 아는 모두에게 엠파이어 스테이트 빌딩은 뉴욕에서 가장 낭만적인 장소가 되었다. 많은 사람이 마이크와 테리처럼 영원한 사랑을 위해 엠파이어 전망대에 오르고 싶어 했다. 그뿐만이 아니다. 여러 번 리메이크 된 영화 〈킹콩〉에서는 킹콩이 사랑하는 여자를 지키려고 인

간과 대결하다 킹콩이 마지막 최후를 맞은 곳이 엠파이어 빌딩이었다. 방송국 안테나로 사용되는 첨탑을 아슬아슬하게 잡고 피 흘리며 싸우다 죽어가는 이 거대한 고릴라가 멋있어 보였다.

지금까지 수없이 많은 영화에 등장한 뉴욕은 전 세계인에게 이 도시가 얼마나 낭만적이고 매력적인지 무의식속에 각인시켰고, 덕분에 누구에게나 꼭 한 번 가보고 싶은 도시가 되었다. 그리고 그 중심에는 엠파이어 스테이트 빌딩이 있다. 나는 미국에 살면서 한 번도 올라가보지 않은 이곳을 뉴욕에 온 가족들 덕분에 처음 올라가보았다. 뉴욕에서 야경을 볼 수 있는 곳은 많지만 동생은 한사코 엠파이어 스테이트 빌딩만 고집했다. 이곳에서의 야경 관람이 자신의 버킷 리스트 중 하나였다면서 말이다.

1931년에 만들어진 102층의 엠파이어 스테이트 빌딩은 1972년 월드 트레이드 센터가 완공되기 전까지 41년 동안 세계에서 가장 높은 빌딩이었다. 빌딩이 완성된 후 찾아온 경제대공황 때문에 건물 입주자가 없어 한때 '엠티Empty 빌딩'이란 조롱을 받기도 했지만, 전망대 만큼은 전 세계인의 사랑을 받았다.

뉴욕 거리를 걷다가 길을 잃으면 나도 모르게 항상 엠파이어 스테이트 빌딩을 쳐다보곤 했다. 그러면 내가 어디에 있는지 대충 감이 오기 때문이다. 빌딩의 조명 색깔은 매일 밤 달라지는데 슬픈 일이 있을 때는 색으로 뉴욕 시민들의 슬픔을 표현하곤 한다.

1 엠파이어 스테이트 빌딩 건설 당시 일하는 인부들. 2 기념품 숍에서 볼 수 있는 〈킹콩〉 포스터.

# *Five Guys* 파이브 가이즈

## *Information*

📍 318 5th Ave., New York, NY 10001
🚇 6 line, 33rd St. station / N, Q, R, W line, 34th Herald Sq. station

🕐 11:00~22:00
@ www.fiveguys.com

### 오바마 전 대통령이 즐겨 먹어 더 유명해진 햄버거

미국에서 공부할 때 우리 동네에 파이브 가이즈가 들어왔다는 소식을 듣곤 도서관에서 공부하다 말고 친구들과 한달음에 달려가 먹었던 기억이 있다. 오바마 전 대통령이 어렸을 때부터 즐겨 먹었다고 해서 '오바마 버거'로 유명하며, 인앤아웃, 쉐이크 색과 함께 미국 3대 버거 중 하나이다. 1986년 버지니아 알링턴에 문을 연 후로 현재는 1,000여 개의 매장을 가지고 있는 대형 프랜차이즈 버거점이다.

냉동패티가 아니라 매장에서 일일이 손으로 패티를 만들며, 토핑을 추가해도 따로 돈을 받지 않는다. 감자튀김의 양도 상당해서 이미 한가득 담았는데도 한 스쿱 가득 더 떠줘서 2인분 같은 1인분이 되곤 한다.

패티는 특별히 요청하지 않으면 웰던으로 구워주므로 좀 더 부드러운 것을 원한다면 따로 요청하는 게 좋다. 개인적으로 이곳의 패티는 다른 곳보다 좀 더 두툼하고 바짝 구워져 담백해서 좋다. 투박해 보이지만 굵직한 감자튀김도 마음에 든다. 인앤아웃 버거도 맛있지만 아쉽게도 서부에만 있다. 미국은 땅이 넓어서 동부와 서부의 프랜차이즈 체인점도 다르다. 그나저나 왜 가게 이름이 파이브 가이즈일까? 창업자님 아들이 5명이라서 그렇단다.

1 '오바마 버거'로 유명한 파이브 가이즈 매장 내부. 2 엄청난 양의 감자튀김. 3 모든 재료를 다 넣은 치즈버거.

# *Pio Pio* 피오 피오

*Information*

📍 210 E 34th St., New York, NY 10016
🚇 4, 6 line, 33rd St. station

🕐 11:00~23:00
@ www.piopio.com

**처음 먹어보는 페루의 맛, 페루비안 레스토랑**

피오 피오는 페루말로 '삐약삐약'이라고 하니 이름도 귀엽다. 1994년에 퀸즈에 첫 매장을 열었고, 지금은 맨해튼, 퀸즈, 브롱크스, 브루클린에 다수의 매장이 있다.

피오 피오에서 가장 인기 있는 메뉴는 마타도르 콤보Matador Combo와 샹그리아 피처이다. 콤보 메뉴에는 로티세리 치킨, 강황밥과 붉은 콩, 바나나와 비슷한 플랜틴Plantain을 튀긴 토스토네스Tostones, 소시지와 얌튀김이 있는 살치파파Salchipapa에 아보카도 샐러드가 포함되는데, 이 모든 것을 단돈 40달러에 즐길 수 있다. 뉴욕에서 40달러로 4명이 먹다니 믿기지 않는 가격이다.

싸다고 해서 맛 없는 게 절대 아니다. 로티세리 치킨은 닭에 꼬챙이를 끼워 구운 음식으로 우리나라의 전기구이 통닭과 비슷한데, 겉은 바삭하고 속은 부드럽다. 아보카도가 풍성하게 들어간 샐러드도 맛있고, 짭쪼름한 살치파파는 맥주를 부르는 맛이다.

남미계로 보이는 옆 테이블 가족의 음식이 너무 맛있어 보여 무슨 음식인지 물어봤더니 맛을 보라며 선뜻 자기 음식을 접시에 덜어주었다. 푸근한 인심을 느끼며 음식을 먹으니 정말 페루의 로컬 식당에 온 듯한 기분이 든다.

1 페루 레스토랑 피오 피오. 2 로세리티 치킨, 아보카도 샐러드, 살치파파가 포함된 세트 메뉴.

# *Vezzo Thin Crust* 베초 씬 크러스트

## *Information*

📍 178 Lexington Ave., New York
🚇 4, 6 line, 33rd St. station 또는 28th St. station

🕐 11:00~22:00
@ www.vezzothincrust.com

### 중독성 강한 씬 크러스트 피자 레스토랑

여행의 즐거움 중 하나는 현지에 사는 지인을 만나 맛집을 가는 것이다. 오랫동안 뉴욕에 산 지인이 데려간 곳은 베초 씬 크러스트라는 이탈리아 레스토랑이었는데, 이태리식 얇고 바삭한 피자를 파는 곳이었다. 이곳은 우리나라 블로그에도 많이 나오지 않는 곳이라 가기 전부터 몹시 궁금했다.

마르게리타와 베초 시그니처 피자를 주문했는데 음식이 나오자 지인은 마르게리타부터 먹어보라고 했다. 마르게리타는 치즈 풍미가 좋고 도우가 바삭해서 연달아 두 조각을 먹어버렸다. 시그니처 피자는 첫 맛은 소스 때문에 진하고 뒷맛은 토핑으로 올려진 그린 애플 때문에 상큼한 맛이 나는 독특한 피자였다. 이곳의 베이컨은 오랜 숙성을 거쳐 만들기 때문에 기름이 적당히 빠져서 느끼하지 않고 구워도 딱딱해지지 않는다고 한다. 시그니처 피자는 어디에서도 먹어보지 못한 이 집만의 독특함이 있었다.

피자 사이즈가 생각보다 커서 남은 피자를 포장해 지인에게 선물했다. 지인은 '나중에 생각나실 텐데요'라고 했는데, 그 말은 사실이었다. 부드러운 베이컨에 그린 애플과 치즈가 듬뿍 올려진 크러스트 피자 한 조각이 그날 밤에도 다음 날에도 계속 생각났기 때문이다. 뉴요커가 좋아하는 씬 크러스트를 먹고 싶다면 강력히 추천하는 곳이다.

1 베초 씬 크러스트 식당 외부. 2 오랜 숙성 과정을 거친 베이컨과 그린 애플이 들어간 시그니처 피자. 3 반반 피자.

# *Hale and Hearty Soups* 헤일 앤 하티 수프

### *Information*

📍 462 7th Ave., New York, NY 10001
🚇 D, F, M, N, Q, R, W line, Herald Sq. station
　A, E line, 34th St. Penn station

🕐 10:30~20:00(월~금),
　10:30~18:00(토·일)
@ www.haleandhearty.com

## 건강에 좋은 수프 전문 식당

바쁜 일상 속에 파묻혀 지내다가 여행지에 오면 갑자기 몸과 마음의 긴장이 풀리면서 오히려 몸이 아프게 된다. 뉴욕에 오자마자 비행기에서 먹은 기내식이 체했는지 속이 안 좋다고 호소하는 친구와 가볍게 아침을 먹고 싶은 나를 위해 찾은 곳이 바로 '헤일 앤 하티 수프'이다. 20년 전 뉴욕에 문을 연 수프 전문점으로, 현재는 뉴욕 곳곳에 체인점이 있다. 다양한 종류의 수프와 로컬 재료로 만든 샌드위치, 샐러드 등을 파는 곳인데, 점심시간에는 직장인들의 줄이 항상 길게 늘어선다.

크림토마토 치킨수프를 주문했는데 수프 한입 먹어보고 생각보다 너무 맛있어서 깜짝 놀랐다. 뉴욕 음식이 굉장히 짠 편인데 이곳 수프는 자극적이거나 느끼하지 않은 가정식 요리 같았다. 간단한 식사나 따뜻한 국물이 먹고 싶을 때 가면 좋을 것 같다.

1 수프와 샐러드, 샌드위치를 파는 매장 내부. 2 진하고 담백한 토마토크림수프.

# *Best Bagle* 베스트 베이글

*Information*

📍 225 W 35th St. A, New York, NY 10001
🚇 A, E line, 34th St. Penn station
🕐 06:00~16:00(월~금), 08:00~14:30(토)(일 휴무)

@ www.bestbagelandcoffee.com

## 뉴요커의 아침은 내게 맡겨라

유대인의 빵으로 알려진 베이글은 19세기 후반 동유럽 유대인들이 미국으로 이주하면서 미국과 캐나다에 급속히 퍼졌다고 한다. 밀가루, 물, 소금, 이스트만을 넣고 반죽해 이를 발효시킨 다음 끓는 물에 익히고 오븐에 한 번 더 구워 만든다.

베스트 베이글은 내가 묵는 숙소 근처에 있었는데, 아침에는 항상 가게 밖까지 사람들이 줄을 서 있었다. 무슨 가게인지 궁금해하다가 나중에 그 집이 '뉴욕의 3대 베이글 가게'라는 걸 알고는 아침마다 들르곤 했다.

우리나라에서는 베이글을 크림치즈 정도 발라서 가볍게 먹지만 뉴욕의 베이글은 뉴요커의 아침을 책임지는 든든한 한 끼 식사이다. 베이글도, 토핑도, 연어도, 크림치즈도 종류가 너무 다양해서 주문하는 게 힘들 정도. 베이글에 연어, 채소, 달걀을 얹고 크림치즈까지 발라져 나온 베이글은 맥도날드 트리플 패티 버거처럼 크기가 엄청나다. '이게 한입에 들어가긴 할까?' 하는 걱정 반 기대 반의 마음으로 입을 크게 벌려 베어 물면 이내 입가에서 웃음이 새어나온다. 끼니 수가 모자라 베스트 베이글밖에 못 먹었지만 3대 베이글을 다 맛보고 비교하는 것도 재미있을 것 같다.

1 항상 사람들로 북적이는 베스트 베이글 매장. 2 베이글에 발라 먹는 다양한 크림치즈. 3 더블버거 사이즈의 베이글 샌드위치.

**Don't miss it** 뉴욕의 3대 베이글
머레이 베이글 www.murraysbagels.com
에싸 베이글 www.ess-a-bagel.com

# Stumptown Coffee Roasters
### 스텀프타운 커피 로스터스

*Information*

📍 18 W 29th St., New York, NY 10001
🚇 R, W line, 28th St. station
🕐 06:00~20:00(월~금), 07:00~20:00(토·일)

@ www.stumptowncoffee.com

## 분위기도 맛도 뉴욕 최고의 커피

식문화의 천국이라고 하는 뉴욕에서는 어떤 커피가 사랑을 받을까? 내 취향에 가장 잘 맞는 커피는 에이스 호텔 로비에서 파는 '스텀프타운 커피 로스터스Stumptown Coffee Roasters'이다. 스텀프타운은 인텔리젠시아, 블루 보틀과 함께 커피업계의 판도를 바꾼 미국 3대 커피로, 생산자와 직거래하는 스페셜티 커피*를 판매한다. 1999년 포틀랜드에서 시작해 시애틀과 뉴욕, LA까지 진출한 커피업계의 인디 브랜드라고나 할까.

29가와 브로드웨이에 위치하고 있어 한인타운에서 몇 블록만 걸으면 갈 수 있고, 테이블과 좌석이 없는 대신 유명 부티크 호텔인 에이스 호텔의 로비에서 커피를 마실 수 있다. 맛있는 커피에 핫한 호텔 로비라니 최고의 조합이다. 퇴근 후에는 슈트 차림의 뉴욕 훈남들이 서서 커피를 마시는 모습을 보게 되는데, 그럴 때는 정말 커피 값이 아깝지 않다.

이곳의 아메리카노는 진한 바디감이 느껴지지만 쓰지 않고 부드러워 자꾸 리필을 하게 된다. 라떼는 부드러운 크림에 진한 원두의 맛이 살아 있어 마실 때마다 행복해진다. 스텀프타운에서 파는 원두는 '헤어 벤더Hair Bender'라고 해서 인도네시아, 남아메리카, 서아프리카에서 온 것이라고 한다. 커피 애호가라면 한두 팩 사 가는 것도 좋을 듯.

1 스텀프타운 커피 로스터스가 있는 에이스 호텔. 2 스텀프타운 매장 내부의 커피 바.

*스페셜티 커피: 스페셜티커피협회(Specialty Coffee Association)에서 정한 기준에 따라 100점 중 80점 이상을 받은 커피를 말한다. 특수하고 이상적인 기후에서 재배되며, 풍미와 맛이 독특하고 기준에 따라 엄격히 분류되어 관리된다.

# *Macy's* 메이시스 백화점

## *Information*

📍 151 W 34th St., New York, NY 10001
🚇 D, F, M, N, Q, R, W line, Herald Sq. station
   A, E line, 34th St. Penn station

🕙 10:00~22:00(월~토),
   10:00~21:00(일)
@ l.macys.com/new-york-ny

### 미국 최대 백화점 브랜드

헤럴드 스퀘어에 있는 미국 최대 백화점으로 건물이 여러 블록에 걸쳐져 있다. 2009년까지 단일 매장으로는 세계에서 가장 크다는 기록을 가지고 있었지만, 이후 우리나라의 부산 신세계 센텀시티에 왕관을 넘겨주었다.

메이시스는 미국 전역에 매장을 가지고 있는 중상급 백화점 체인점으로 뉴욕에 있는 것이 본점이다. 고급스럽기보다는 캐주얼하고 무난한 상품들이 많다. 유명 부티크와 명품 브랜드가 넘치는 패션의 도시 뉴욕에서는 비교적 대중적인 백화점이라고 할 수 있다. 백화점 건물 안에는 세계에서 가장 오래된 목조 에스컬레이터가 있으니 관심이 있다면 찾아보자.

사실 메이시스는 1924년부터 매년 추수감사절과 미국 독립기념일(7월 4일)에 실시하는 추수감사절 퍼레이드Thanksgiving Parade와 메이시스 불꽃놀이로 더 유명하다. NBC, CBS 등의 방송사가 생중계할 만큼 인기여서 수많은 사람들이 몰린다. 퍼레이드를 구경하러 갔던 내 친구 가족은 엄청난 인파에 휩쓸려 딸아이를 잃어버리고 이산가족이 될 뻔하기도 했다.

크리스마스가 되면 메이시스 백화점의 쇼윈도 장식도 꽤 볼 만하다. 또 세일 때에는 아웃렛보다 질 좋은 신발을 저렴하게 구입할 수 있으니 신발 마니아라면 이 기회를 놓치지 말자.

1 맨해튼에 있는 메이시스 백화점 본점. 2 메이시스는 대중적인 브랜드의 옷이 많다.

# *DSW* 디에스더블유

## *Information*

📍 213 W 34th St., New York, NY 10001
🚇 1, 2, 3 line, 34th St. Penn station
🕐 10:00~21:00(월~토), 11:00~19:00(일)

@ www.dsw.com/en/us

### 모든 브랜드의 신발이 있는 신발 전문 아웃렛

가끔 사람들이 미국에서 무얼 사 오는 게 좋은지 물어볼 때가 있다. 나는 항상 신발과 가방이라고 답한다. 옷은 사이즈와 가격대, 디자인이 우리나라와 잘 맞지 않는 편이지만 신발과 가방은 가격 대비 질이 좋다. 특히 신발은 편하고 좋은 브랜드 제품을 한국보다 저렴한 가격으로 구입할 수 있다. DSWDesigner Shoe Warehouse는 디자인별, 디자이너별, 브랜드별로 신발이 잘 정리되어 있고 종업원의 감시(?) 없이 마음껏 신어볼 수 있어서 좋다. 사이즈가 몇 개 안 남은 상품이나 계절의 끝에 있는 상품만 모아서 진열해놓은 매대는 절대 그냥 지나칠 수가 없다. 나는 이곳에서 250달러짜리 FRYER 스니커즈를 단돈 38달러에 샀다! 한국으로 돌아와 매일 뉴욕에서 산 신발을 신고 다니며 하나 더 사 왔어야 했다고 후회하고 있다.

# *Amazon Books* 아마존 북스

*Information*

📍 7 W 34th St., New York, NY 10001
🚇 D, F, M, N, Q, R, W line, Herald Sq. station

🕐 09:00~21:00
@ www.amazon.com

## 서점 그 이상의 서점

인터넷 서점으로 잘 알려진 아마존이 맨해튼에 오프라인 서점을 열었다. 콜럼버스 서클 근처와 34가에 매장이 있다. 꽤 오랜 시간 출판사 편집자로 일했던 만큼 서점에 대한 애정이 크기 때문에 그냥 지나칠 수 없었다. 매장 자체는 크지 않지만 아마존 온라인 서점의 구매 이력을 빅데이터로 수집 및 분석해 선별된 아이템만 파는 독특한 서점이다.

아마존이 오프라인 서점을 낸 것은 수익 때문이라기보단 온라인으로는 알 수 없는 고객의 동선이나 취향, 구매 패턴 등을 파악하기 위해서라고 한다. 서점 안에 있는 기계에 책의 QR코드를 찍으면 책에 대한 정보를 알 수 있는데, 이를 통해 아마존은 특정 연령대의 사람들이 어떤 책에 흥미를 느끼며 어떤 책을 구매하는지 파악한다.

진열대 위에는 많이 사는 책, 새해에 보아야 할 책, 뉴욕에 관한 책이라고 적힌 팻말이 있는데, 많은 사람들이 사는 책이라는 건 도시와 사회의 트렌드를 반영하는 것이니 자연스럽게 책도 보고 트렌드 공부도 하게 된다. 책 외에 여러 가지 전자기기와 아마존의 인공지능인 알렉사ALEXA도 살 수 있다. 뉴욕에서 유명한 스텀프타운 커피도 들어와 있으니 책 한 권 들고 커피 한 잔의 여유를 느껴보자.

1 빅데이터 분석을 토대로 진열해놓은 매장 내부. 2 책의 정보와 가격을 알 수 있는 QR 코드 기계.

## 뉴욕 속의 한국 상점

### 우리집 Woorijip

자취생의 소울푸드인 집밥을 비슷하게(?) 차려내는 우리집은 **각종 반찬이 한식 뷔페처럼 진열되어 있는데 맛도 가격도 제법 괜찮다.** 밥은 1달러, 국은 2~3달러, 찌개류는 3~5달러 정도이다. 뉴욕에서는 아무리 저렴하게 먹어도 한 끼에 15~20달러씩 하는 식사비가 부담스러울 때가 있다. 그럴 때 우리집은 간단하게 먹을 수 있고 포장도 할 수 있어 좋다. 먹고 싶은 반찬을 준비된 그릇에 담아 무게를 재서 파니 남길 일도 없다.

 📍 12 W 32nd St., New York, NY 10001
🕐 09:30 ~ 02:00(월~수), 09:30 ~ 03:00(목~토)(일 휴무)
@ www.woorijipnyc.net

---

### 큰집 Kunjip

**뉴욕에서 매콤한 음식이 먹고 싶을 때 탈출구가 되어준 식당이다.** 다양한 한식 메뉴가 있어서 한 끼 먹고 나면 다시 뉴욕의 느끼한(?) 음식들을 잘 먹을 수 있었다. 사실 좋은(비싸고 깨끗한) 한식당은 한인타운에 여럿 있지만, 뉴욕에서는 '큰집' 정도면 충분하지 않을까 싶다.

 📍 32 W 32nd St., New York, NY 10001
🕐 06:30 ~ 03:00(일~수), 24시간(목~토)
@ www.kunjip.com

---

### H마트 H-mart

뉴욕 맛집도 아니고 쇼핑지도 아닌 웬 마트인가 하겠지만, H마트는 꽤 중요한 의미가 있다. H마트가 있으면 한인이 많은 곳이라 보면 된다. **간단하게 먹을 과일이나 안주, 맥주, 그리고 컵라면과 햇반 등을 사기에 좋다.** 한국과 가격 차이도 크지 않으니 굳이 무겁게 먹을거리 등을 가져 올 필요가 없다.

 📍 38 W 32nd St., New York, NY 10001
🕐 08:00 ~ 22:55
@ nj.hmart.com

# *A Walk in New York*

# Soho & Nolita

# 📍 *Soho & Nolita* 소호 & 놀리타

## 예술과 기술, 과거와 미래가 공존하는 거리

소호는 '휴스턴 스트리트의 남쪽South of Houston'을 줄여 부르는 지역명이다. 소호를 브로드웨이에서 바라보면 위쪽으로는 크라이슬러 빌딩의 첨탑이 보이고 아래쪽으로는 울워스 빌딩의 첨탑이 보여 독특한 느낌을 준다.

지금처럼 명품 매장과 브랜드 숍이 들어서기 전, 소호는 노동자와 가난한 예술가들이 살던 곳이었다. '철의 지역Cast-iron District'이라고 불린 공업지역이어서 대부분의 건물이 주철건물(철을 녹여 원하는 모양을 만들어 건설하는 공법. 저렴하고 빠르게 건물을 지을 수 있다)이었고, 동네는 허름했다. 그러다 2차 산업의 쇠퇴로 공장이 문을 닫기 시작하자 월세가 싼 이 지역에 가난한 예술가들이 모여들었다. 건물 꼭대기층에 예술가들이 살 수 있는 로프트Loft가 들어섰고, 안정적인 주거지가 생기자 화랑이나 갤러리도 들어서기 시작했다.

중간에 고속도로 건설로 소호 전체가 사라질 위기에 처하기도 했지만 주민들의 반대로 무산되었고, 1973년 소호는 역사개발지구로 지정되었다. 그러자 돈 많은 여피Yuppie와 명품 매장들이 늘어났고, 이 때문에 임대료가 올라 가난한 젊은 예술가들은 삶의 터전을 옮길 수밖에 없었다. 결국 그것이 첼시와 브루클린의 부흥을 가져왔다.

1800년대로 돌아간 것 같은 로프트와 철제 사다리가 있는 소호의 건물들은 아슬아슬하게 사다리를 타고 내려오는 드라마 속 범죄자나 로프트의 따뜻한 불빛 아래 서 있는 영화 속 연인들을 떠올리게 한다. 매력이 가득한 소호의 골목골목을 발길 닿는 대로 걸어보자. 프라다 소호(렘 콜하스)나 롱샴 스토어(토마스 헤더윅크), 리틀 싱거(어니스트 플래그), 스콜라스틱 빌딩, 소호 호텔(장 누벨)을 발견하게 된다면 쇼핑만이 아니라 건물이 주는 아름다움도 감상해보자.

# *Sweet Green* 스위트 그린

## *Information*

📍 100 Kenmare St., New York, NY 10012
🚇 4, 6 line, Spring St. station

🕐 10:30~22:00
@ www.sweetgreen.com

### 배부르고 맛있는 건강한 샐러드

샐러드가 밥이 될 수 있을까? 다이어트 때문에 억지로 먹는 것 말고, 맛도 있고 배도 부른 샐러드는 정녕 없는 것일까? 스위트 그린에 그 답이 있다.

스위트 그린은 샐러드 패스트푸드점으로 2007년 매장을 연 후 매년 50퍼센트씩 성장하는 기업이다(역시 요즘 뉴요커의 화두는 건강인가 보다). 미국 조지타운대에서 함께 공부한 동창생 3명이서 창업했는데, 채소를 팔아 돈이 되겠냐는 주변의 우려에도 건강한 한 끼 식사가 될 수 있는 샐러드 레스토랑을 꿈꾸며 가게를 열었다고 한다. 지역에서 재배되는 신선한 채소와 제철 과일에 맛과 건강을 생각한 드레싱, 만드는 과정을 전부 보여주는 시스템 등을 통해 고객의 마음을 사로잡았다. 또한 앱을 통해 선주문 한 후 픽업해 가는 시스템도 일찍 도입했다.

음식은 메뉴에 있는 모든 샐러드를 다 먹어보고 싶을 만큼 맛있다. 주변의 지인들이 입을 모아 칭찬한 곳이어서 기대가 컸는데, 역시나 실망스럽지 않은 맛이었다.

한국인에게는 쌀이나 곡물에 익숙하니 퀴노아나 현미가 들어간 샐러드를 추천한다. 비빔밥의 서양 버전 같기도 한데, 우리나라도 비빔밥을 이렇게 개발해보면 스위트 그린 못지않은 건강식으로 인기를 끌 것 같다.

1 샐러드를 만드는 과정을 보여주는 조리대. 2 매장 내부에서 샐러드를 즐기는 뉴요커. 3 한 끼 식사로도 손색없는 샐러드

# *Rombardi's Pizzeria* 롬바르디스 피제리아

*Information*

📍 32 Spring St., New York, NY 10012
🚇 4, 6 line, Spring St. station

🕐 11:30~23:00(월~목·일),
   11:30~24:00(토)
@ www.firstpizza.com

**미국 최초의 이탈리아 피자집**

1905년에 나폴리 출신의 제나로 롬바르디가 문을 연 뉴욕 최초의 이탈리아 피자집으로 소호의 스프링 스트리트에 있다. 뉴욕의 3대 피자 중 하나로, 예약을 받지 않아 항상 기다리는 줄이 있다. 롬바르디스 피자는 석탄을 사용한 브릭 오븐에 굽는다. 석탄 오븐 방식은 가스 오븐보다 2배 높은 온도에서 단시간에 구워내기 때문에 색다른 맛을 느낄 수 있다. 약간 타서 쌉싸름하면서도 바삭한 도우에 치즈의 풍부한 맛이 그대로 살아 있다. 미국에서는 환경오염 때문에 이제 더 이상 석탄 오븐을 만들지 않기 때문에 다른 곳과 맛이 차별화될 수밖에 없다.

가장 기본적이면서도 늘 찾게 되는 마르게리타 피자는 이탈리아산 토마토소스, 치즈, 신선한 바질 등을 얹어 만드는데, 역시 치즈의 풍미가 좋다. 개인적으로는 화이트 피자 한 판이나 화이트 피자가 포함된 반반 피자를 추천한다. 피자에 탄산음료보다는 향긋한 샹그리아 한 잔을 곁들이면 세상 부러울 게 없다.

1 이 집의 특제 메뉴인 화이트 피자. 2 롬바르디스 피제리아의 외관.

# *Café Habana* 카페 하바나

*Information*

📍 17 Prince St., New York, NY 10012
🚇 F, M line, 2nd Ave. station / 4, 6 line, Spring St. station

🕐 12:00~24:00(월~목),
　11:00~24:00(금~일)
@ www.cafehabana.com

## 마약옥수수로 알려진 그릴드 콘

마약떡볶이나 마약김밥처럼 한번 맛들이면 무섭게 중독되는 음식이 있다. 카페 하바나의 '그릴드 콘'이 그런 음식이다. 그릴에 구운 옥수수에 특제 소스를 얹은 다음 파르마산 치즈와 칠리 파우더를 뿌려 먹는데, 가격도 저렴하고 단짠의 조화 때문인지 한국 여행자들에게 '마약옥수수'로 불리고 있다.

카페 하바나 근처에만 가도 구운 옥수수 냄새가 진동하는데, 이는 옥수수를 직화로 굽기 때문이다. 밋밋한 옥수수를 불에 구워 불맛을 더하고 고소하면서 매콤한 소스로 감칠맛을 가미한 덕분에 먹다 보면 맥주나 톡 쏘는 라임소다 한 잔이 간절해진다. 소호를 돌아다니다가 배가 고파질 때쯤 잠깐 들러 간식으로 먹기 좋다.

1 누구나 다 시킨다는 라임소다와 함께 즐기는 '그릴드 콘'. 2 라임을 뿌려서 먹으면 더 상큼한 마약옥수수.

# *Dean & Delluca* 딘 앤 델루카

*Information*

📍 560 Broadway, New York, NY 10012
🚇 B, D, F, V, N, Q, R, W line, 34th Herald Sq. station

🕐 08:00~02:00
@ www.esbnyc.com

**뉴요커의 라이프스타일을 반영한 프리미엄 식재료 가게**

딘 앤 델루카는 조엘 딘과 조르지오 델루카가 1977년 소호에 문을 연 소박한 식료품 가게였는데, 지금은 뉴욕 상류층의 라이프스타일을 반영한 프리미엄 식재료 가게가 되었다. 뉴욕을 배경으로 한 영화 〈줄리 앤 줄리아〉와 〈악마는 프라다를 입는다〉에도 중요하게 등장할 정도로 딘 앤 델루카는 뉴요커에게 단순한 식재료 가게 이상이다.

〈줄리 앤 줄리아〉에서 전화상담원인 줄리(에이미 아담스 분)의 유일한 즐거움은 요리를 하는 것이다. 전설의 프렌치 셰프인 줄리아 차일드(메릴 스트립 분)의 524개 레시피를 365일 동안 요리하는 무모한 도전을 시작하면서 매일 퇴근길에 딘 앤 델루카에 들러 식재료를 사는데, '월급의 반을 이곳에서 쓴다'고 불평하는 장면이 나온다. 피식 웃음이 나면서도 딘 앤 델루카의 매력을 단적으로 보여주는 장면이라고 생각한다.

뉴욕에 왔다면 좋은 식재료가 사람을 얼마나 행복하게 할 수 있는지 느껴봐야 한다. 매장 안에는 빵과 쿠키, 연어, 치즈, 과일, 초콜릿, 수제햄, 커피까지 다양하게 진열되어 있어 구경하는 재미도 쏠쏠하다. 영화 속 줄리가 사랑한 최고의 식재료인 버터가 듬뿍 들어간 쿠키에 커피 한 잔 마시거나 밤에 조촐하게 마실 와인과 치즈를 골라보자.

1 소호에 있는 딘 앤 델루카 매장. 2 그램으로 달아서 파는 샐러드와 각종 음식들. 3 신선한 과일과 채소 진열대.

# *All Birds* 올 버즈

## *Information*

📍 68 Prince St., New York, NY 10012
🚇 N, Q, R, W line, Prince St. station

🕐 10:00~20:00
@ www.allbirds.com

### 세상에서 가장 편한 신발

래리 페이지 구글 공동창업자, 딕 코스톨로 전 트위터 CEO 등 실리콘 밸리의 벤처기업 CEO들이 즐겨 신는 신발로 우리나라에는 '실리콘 밸리 신발'로 잘 알려져 있다. 캘리포니아 벤처캐피탈 행사장에 모인 기업가와 투자자가 대부분 올 버즈를 신고 있었다고 해서 유명세를 타기 시작했다. 요즘은 한국에서도 직구로 구매하기도 한다.

올 버즈의 신발은 겉과 속이 모두 뉴질랜드산 양모 섬유로 만들어진다. 양모 섬유는 머리카락 굵기의 1/5 정도로 가늘기 때문에 가벼울 수밖에 없다. 천연 소재라서 맨발에 신어도 땀이 차지 않으며, 여름에는 시원하고 겨울에는 따뜻하다.

매장은 신발을 고르고 신어보는 곳이 특이하다. 보통 신발을 신을 때는 허리를 구부리기 때문에 머리에 피가 몰리는 경험을 하는데, 이곳에는 스툴에 앉아 발을 올리면 딱 손이 닿는 높이에서 신발끈을 묶을 수 있게 디자인된 받침대가 있다. 또한 종업원 수와 동선을 최소화하기 위해 손님에게 신발 상자를 아래로 내려 건네주는 단이 있는 점도 흥미롭다. 가격도 95달러 정도로 합리적이고 매력적이다. 매장 안에는 색색의 신발끈이 걸려 있는데, 신발을 사면 원하는 색의 신발끈을 공짜로 고를 수 있게 해준다.

1 구름 위를 걷는 듯한 느낌을 주는 올 버즈 매장. 2 종업원이 사이즈를 찾아 신발을 내려주는 단. 3 신발을 산 사람은 마음에 드는 신발끈을 골라 갈 수 있다.

## 미국과 한국의 사이즈 비교

미국은 우리나라와 도량형 표기법뿐만 아니라 사이즈 표기법도 다르다. 쇼핑할 때 당황하지 않으려면 미국의 옷이나 신발 사이즈를 미리 알아둘 필요가 있다.

### Women's clothes size

| 한국 | | 미국(US) | | 유럽(EU) |
|---|---|---|---|---|
| 44 | 85 | 0 | XS | 34 |
| 55 | 90 | 2~4 | S | 36 |
| 66 | 95 | 6~8 | M | 38 |
| 77 | 100 | 10~12 | L | 40 |
| 88 | 105 | 14~16 | XL | 42 |

### Men's clothes size

| 한국 | 미국(US) | 유럽(EU) |
|---|---|---|
| 90~95 | S | 46 |
| 95~100 | M | 48 |
| 100~105 | L | 50 |
| 105~110 | XL | 52 |
| 110~ | XXL | 54 |

### Shoes size

| 한국(mm) | 미국(US) | | 유럽(EU) | |
|---|---|---|---|---|
| | Men | Women | Men | Women |
| 220 | – | 5 | – | 35 |
| 225 | – | 5.5 | – | 35.5 |
| 230 | – | 6 | – | 36 |
| 235 | – | 6.5 | – | 36.5 |
| 240 | – | 7 | – | 37 |
| 245 | 6.5 | 7.5 | 40 | 37.5 |
| 250 | 7 | 8 | 40.5 | 38 |
| 255 | 7.5 | 8.5 | 41 | 38.5 |
| 260 | 8 | 9 | 41.5 | 39 |
| 265 | 8.5 | 9.5 | 42 | 39.5 |
| 270 | 9 | 10 | 42.5 | 40 |
| 275 | 9.5 | 10.5 | 43 | 40.5 |
| 280 | 10 | – | 43.5 | – |
| 285 | 10.5 | – | 44 | – |
| 290 | 11 | – | 44.5 | – |
| 295 | 11.5 | – | 45 | – |
| 300 | 12 | – | 45.5 | – |

### Kid's clothes size

| 나이 | 유아복 사이즈 | 미국 사이즈 |
|---|---|---|
| 신생아 | 60 | 0~3M |
| 3~6개월 | 70 | 3~6M |
| 6~9개월 | 70 | 6~9M |
| 9~12개월 | 80 | 9~12M |
| 12~18개월 | 90 | 12~18M |
| 18~24개월 | 100 | 18~24M |
| 2~3세 | 100 | 2T |
| 3~4세 | 110 | 3T |
| 4~5세 | 120 | 4T |
| 5~6세 | 130 | 5T |
| 6~7세 | 140 | 6T |
| 7~8세 | 150 | 7T |
| 8~10세 | 160 | 8T |

# *A Walk in New York*

# Union Square & Madison Square

# ⑦ *Union Square & Madison Square*

유니언 스퀘어 & 매디슨 스퀘어

### 그린 마켓과 '레이디스 마일'로 유명한 곳

유니언 스퀘어는 그래머시, 뉴욕대학교, 이스트 빌리지 등에 둘러싸인 젊음의 거리이다. 광장 남단에는 미국 초대 대통령인 조지 워싱턴의 기마상이 있고, 동쪽에는 자유의 여신상을 만든 프레데릭 바르톨디의 라파예트 동상이, 북쪽에는 링컨 동상이 자리하고 있다.

이곳에서는 일주일에 4회(월·수·금·토) 정도 뉴욕 근교에서 재배하는 채소와 과일 등을 직거래로 판매하는 그린 마켓이 열린다. 가끔 한국의 유명 연예인이 방문해 TV에도 소개되는 곳이니, 미국의 파머스 마켓을 체험해보는 기회로 삼아도 좋겠다. 농작물을 재배하기 어려운 11월 말부터 크리스마스까지는 홀리데이 마켓Holiday Market이라고 해서 지역 수공예품을 판매한다.

5번가와 브로드웨이가 만나는 교차로에 있는 매디슨 스퀘어는 미국 헌법의 기초를 만든 제임스 매디슨James Madison의 이름을 따서 만든 공원이다. 이 공원에는 과거에 자유의 여신상의 '횃불을 든 팔'이 전시되어 있었다고 한다. 자유의 여신상은 프랑스에서 제작되어 뉴욕으로 이송되었는데, 목적지까지 운반 비용이 부족해 횃불을 든 팔만 공원에 놓아두었다가 자금이 모인 후 현재의 위치로 옮길 수 있었다고 한다.

플랫아이언 빌딩에서 5번가로 내려가는 길은 '레이디스 마일'이라고 불리는데, 남북전쟁이 끝나고 경제 호황기에 접어들 무렵 여성들을 위한 고급 백화점과 상점이 들어선 데에서 비롯되었다. 미드타운이나 소호에는 항상 사람이 많아 쇼핑하기 번잡하지만, 이곳에서는 여유 있게 쇼핑하기 좋다. 또한 매디슨 스퀘어 주변에는 유명한 건물이 많아서 쇼핑이 아니더라도 구경할 만하다. 셰이크 색버거 1호점도 이 공원 안에 있다.

# *Flatiron Building* 플랫아이언 빌딩

*Information*

📍 175 5th Ave., New York, NY 10010
🚇 N, R line, 23rd St. station

### 다리미를 닮은 뉴욕의 랜드마크 빌딩

이 빌딩을 처음 봤을 때 빌딩 뒤의 해 때문에 빛과 그림자가 절묘한 대조를 이뤄 삼각형 모양이 더 도드라져 보였다. 나중에 이 빌딩이 '평평한 다리미'라는 재미있는 이름을 가진 플랫아이언이라는 것을 알게 되었다.

이 빌딩은 시카고 출신 건축가인 다니엘 번햄이 보자르 양식으로 설계한 건물로 1902년에 지어졌다. 당시에는 풀러 빌딩으로 불렸으나 다리미 모양을 닮았다 하여 플랫아이언 빌딩으로 더 많이 알려졌다. 22층 높이의 이 건물은 1909년까지는 세계에서 가장 높은 빌딩이었다고 한다. 철골을 써서 지은 최신식 빌딩으로 내부에 엘리베이터까지 있던 첨단 건물이었다.

플랫아이언 빌딩은 주변에 높은 건물이 이것뿐인 데다 날카로운 각도로 인해 주변에 돌풍이 자주 일었다고 한다. 덕분에 여자들의 치마가 자주 뒤집어져 빌딩 주변으로 구경하러 오는 남자들이 몰렸고, 결국 단속 경찰까지 배치되었다는 일화가 있다.

# *Shake Shack* 셰이크 색

## *Information*

- Madison Ave. & E 23rd St., New York, NY 10010
- N, Q, R, W line, E 23rd St. station
- 07:30~23:00(월~금), 08:30~23:00(토·일)

@ www.shakeshack.com

## 파인 캐주얼 수제햄버거

매디슨 스퀘어 가든 주위를 다니다 보면, 셰이크 색 본점을 찾느라 헤매는 관광객 들을 볼 수 있다. '본점이 여기 있다는데 대체 어디야?' 하는 말을 들으면 셰이크 색이 정말 크게 성공했구나 하는 생각이 든다.

셰이크 색은 매디슨 스퀘어 공원 복구 기금을 마련하고자 열린 USHGUnion Square Hospitality Group의 여름 한정 이벤트에서 시작되었다. 카트 앞에 길게 줄을 설 정도로 인기를 끌자 2004년 매디슨 스퀘어에 첫 키오스크 매장을 열었고, 그 매장은 지금도 운영 중이다. 파인다이닝fine-dining과 패스트 캐주얼fast casual을 결합한 파인 캐주얼fine casual 콘셉트를 표방하고 있다. 당일 제조된 신선한 패티를 미디엄으로 구워주는데, 씹을 때의 풍부한 육즙이 인기 비결이다. 고기 대신 버섯을 패티로 사용한 슈룸버거도 있는데, 고기패티와 슈룸패티가 동시에 들어간 셰이크 스택도 인기 메뉴이다. 우리나라에도 매장이 있어서 언제든 먹을 수 있는 버거가 되었지만, 본고장인 뉴욕 매디슨 스퀘어의 간이 테이블에 앉아 비둘기들과 함께 먹는 셰이크 색이 더 맛있게 느껴지는 것이 사실이다.

1 매디슨 스퀘어 가든에 있는 셰이크 색 1호점. 2 셰이크 색 햄버거 세트.

# *Panera* 파네라

## *Information*

📍 10 Union Sq. E, New York, NY 10003
🚇 R, L, M line, 14th St./6th Ave. station

🕐 06:00~22:00(월~토),
　07:00~22:00(일)
@ panerabread.com

## 대중적인 패스트 베이커리 카페

간단하고 저렴하게 먹고 싶을 때 갈 수 있는 브런치 레스토랑이다. 맥도날드나 서브웨이처럼 음식이 금방 나와서 '패스트'를 붙였지만 베이커리와 커피, 차, 수프, 파스타, 샐러드를 파는 '건강한' 브런치 레스토랑이라고 할 수 있다. 만만한 가격에 미국 전역에서 쉽게 갈 수 있어서 유학 시절 나의 단골집이기도 했다.

시그니처 메뉴로는 '픽2'가 있는데 작은 샌드위치와 샐러드, 수프 중에 2개를 고르는 것이다. 수업이 없는 주말에는 파네라에서 픽2를 주문한 다음 무제한으로 리필이 되는 커피를 마시며 페이퍼를 쓰는 것이 일상이었을 만큼 자주 가던 곳이다.

최근 뉴욕을 방문하면서 가보니 이제 모든 주문을 사람이 받는 게 아니라 태블릿으로 하게 되어 있었다. 레스토랑에서 점원과 대화하며 영어 연습하는 재미가 사라져 살짝 서운하기도 하다.

1 파네라 매장 내부. 2 샌드위치와 수프, 샐러드 중에 2개를 선택하는 '픽2' 메뉴.

# *Sarabeth's* 사라베스

### *Information*

📍 381 Park Ave. S, New York, NY 10016
🚇 R, L, M line, 14th St./6th Ave. station
🕐 07:30~22:30(월~금), 08:30~22:00(토·일)

@ sarabethsrestaurants.com

## 〈섹스 앤 더 시티〉의 브런치 식당

'뉴욕에서 가장 맛있는'이란 타이틀에는 의견이 분분하겠지만, 한국 사람들에게 가장 잘 알려진 브런치 레스토랑이라고 하면 다들 사라베스를 이야기할 것이다. 멋지고 똑똑한 뉴요커들의 브런치 식당이라고 인식되는 데에는 미드 〈섹스 앤 더 시티〉가 한몫을 했다.

1981년 사라베스 레빈Sarabeth Levine은 어퍼 이스트의 작은 가게에서 베이커리와 잼을 만들어 팔기 시작했다. 특별한 맛 때문에 점차 입소문이 나면서 가게는 날로 번창했고, 현재 뉴욕에 5개 지점이 있을 정도로 성장했다. 특히 오렌지 살구 마멀레이드는 사라베스의 최고 히트 상품이다.

사라베스의 시그니처 메뉴는 에그베네딕트이다. 맛있는 브런치를 먹어보겠다는 생각으로 갔다면, 일단 이 메뉴는 꼭 주문해보자. 메이플 시럽을 듬뿍 넣어 먹는 프렌치토스트도 훌륭하다. 분위기와 맛, 인지도 면에서 여전히 많은 사람들에게 사랑받는 매력적인 브런치 레스토랑이다.

---

1 사라베스의 대표 메뉴인 에그베네딕트. 2 레몬 리코타 팬케이크와 블랙베리.

# *Eatery* 이털리

*Information*

📍 200 5th Ave., New York, NY 10010
🚇 N, R line, 23rd St. station

🕐 09:00~23:00(연중무휴)
@ eatalyny.com

## 이탤리 아니고 이털리, 뉴욕 속의 이탈리아

먹다의 Eat과 이탈리아의 Italy를 합성해 지은 간판 이름을 보고 좀 재미있다고 생각했다. 이털리Eatery는 유니언 스퀘어 주변에 위치한 '먹거리 쇼핑타운'인데, 이탈리아에서 직수입한 식료품과 요리 도구, 그리고 음식을 판다. 이 넓은 곳을 오직 이탈리아 음식과 요리 도구로 채울 생각을 하다니 정말 대단한 자신감이 아닌가! 이탈리아 토리노 지방에서 처음 문을 연 후 현재는 전 세계로 매장을 확장하고 있다고 한다.

이탈리에는 총 4개의 구역이 있다. 먼저 이탈리아에서 수입한 고기, 치즈, 올리브오일, 요리 서적, 맥주를 판매하는 마켓이 있다. 다음으로는 스탠딩 테이블에서 피자, 치즈, 해산물과 함께 와인을 즐기는 바와 나폴리 피자, 파스타를 파는 캐주얼다이닝이 있다. 여기에 전망 좋은 루프탑에서 즐기는 수제맥주집과 파인다이닝이 있고, 마지막으로 커피와 젤라토, 디저트를 파는 구역이 있다.

뉴욕을 방문할 때마다 꼭 한 번은 이탈리에 들른다. 라바차에서 이탈리아 커피를 마시며 약속을 기다리다 심심하면 요리책을 뒤적이고, 예쁜 식기구에 감탄하다가 눈을 돌려 치즈와 와인을 고르다 보면 시간이 금방 가기 때문이다. 이곳에서 '라 피자 앤 파스타'는 한국인도 맛있다고 느낄 만한 식당이다. 피자와 파스타 모두 당일 제조한 생면으로 만들며 알단테로 딱 적당히 익혀 나온다. 화덕에 구운 피자 도우도 맛있고 신선한 토마토와 모차렐라 치즈도 훌륭해서 절대 실망하지 않는 곳이다.

1 라바차 커피를 파는 이털리 카페. 2 치즈와 와인을 즐길 수 있는 스탠딩 바. 3 생면의 쫄깃함이 일품인 파스타.

# *Chipollete* 치폴레

### *Information*

📍 864 Broadway, New York, NY 10003
🚇 N,Q, R, W line, 23rd St. station
   R, L, M line, 14th St./6th Ave. station

🕐 10:45 ~ 22:00(연중무휴)
@ www.chipotle.com

## 건강한 음식을 제공하는 멕시칸 패스트푸드점

치폴레가 뉴욕에서 가장 맛있는 멕시코 음식점은 아니다. 하지만 이만한 가격에 이만한 품질의 식사를 편하게 할 수 있는 곳은 많지 않다. 사실 치폴레가 생기기 전에 멕시코 음식은 패스트푸드가 아니었다. 하지만 치폴레는 부리토Burrito나 타코Tacos, 부리토 볼Burrito Bowl, 샐러드를 건강하게 제공하면서 동시에 패스트푸드점의 빠른 서비스를 훌륭하게 절충하여 크게 성공했다. 현재는 멕시칸 패스트푸드점으로 미국 전역에 체인을 가지고 있다.

주문하는 방법은 먼저 부리토, 볼, 타코, 샐러드 중에 음식을 고른다. 그다음에는 고기를 고르는데 소고기, 돼지고기, 닭고기, 바베큐, 베지테리언을 위한 양념두부 중에서 선택할 수 있다. 여기에 쌀이나 콩, 채소 등의 사이드 메뉴를 고르고, 마지막으로 소스를 고르면 된다. 언젠가 한국에도 꼭 들어왔으면 하는 식당이다.

1 패스트 멕시칸 레스토랑 치폴레의 매장 외부. 2 자기가 원하는 재료로 음식을 만들 수 있는 조리대. 3 인기 메뉴인 부리토 볼.

# *Juice Generation* 주스 제너레이션

*Information*

📍 28 E 18th St., New York, NY 10003
🚇 4, 6 line, 23rd St. station
   4, 5, 6, N, Q, R, W line, 14th St. Union Sq. station

🕐 07:00~21:00(월~금),
   08:00~21:00(토·일)
@ juicegeneration.com

## 내 몸의 독소를 없애고 건강을 마시는 뉴요커의 주스

요즘 소호나 레이디스 마일에는 명품 브랜드 숍들을 제치고 루루몬Lulumon이란 요가복 매장이 속속 들어서고 있다. 이것은 건강을 생각해 요가를 시작하는 뉴요커가 그만큼 많다는 뜻일 게다. 샐러드 레스토랑의 성장세만 봐도 뉴요커들이 얼마나 건강에 신경 쓰는지 충분히 짐작할 수 있다. 그런데 샐러드 레스토랑과 함께 요즘 대유행인 매장이 있는데, 바로 주스바이다.

우리나라에도 요즘 주스를 전문적으로 파는 가게들이 많이 생겼는데, 뉴욕을 따라가기엔 아직 먼 듯하다. 뉴욕의 주스바는 신선한 과일을 그 자리에서 직접 착즙해서 파는데, 시판 음료와는 절대 비교할 수 없는 맛이다.

뉴욕의 여러 주스바 중에서 내가 애정하는 주스바는 주스 제너레이션이다. 몸이 피로할 때 이곳에서 마시는 디톡스 주스 한 잔은 웬만한 약보다 낫다고 위로하면서 피곤한 여행길에 비타민 대신 자주 마셨다. 바로 착즙해서 파는 주스가 아닌, 미리 만들어놓은 주스는 냉장고에 보관되어 있으니 참고하자. 출근 시간대에는 건강 주스로 아침을 시작하려는 뉴요커 부대를 볼 수 있는데, 아직 커피 만큼은 아니지만 건강을 중시하는 트렌드가 계속되는 한 주스바의 인기도 지속될 듯하다.

1 주스 제너레이션 매장 내부. 2 맛도 좋고 몸에도 좋은 디톡스 주스.

# *Club Monaco* 클럽 모나코

## *Information*

📍 160 5th Ave., New York, NY 10010
🚇 N,Q, R, W line, 23rd St. station

🕐 10:00~21:00(월~토),
    11:00~20:00(일)
@ www.clubmonaco.com

### 라이프스타일을 파는 클럽 모나코 매장

클럽 모나코는 캐나다 토론토에서 시작한 의류 브랜드로 현대적이고 심플한 디자인의 옷을 만든다. 우리나라에도 매장이 있지만, 사실 클럽 모나코는 단순히 옷만 파는 회사가 아니다. 이 말의 의미는 매디슨 스퀘어 가든 주변에 위치한 매장을 가보면 이해할 수 있다.

5번가의 클럽 모나코 매장은 풋남앤풋남 꽃집Putnam & Putnam Flowers, 스트랜드 서점Strand Bookstore, 토비스 에스테이트 커피Toby's Estate Coffee와 공간을 공유하고 있다. 먼저 클럽 모나코의 화려한 쇼윈도 앞에서 사진 한 장 찍고 매장에 들어가 옷을 구경한다. 눈길 가는 대로 쇼핑을 하다 보면 어디선가 날아온 꽃향기가 코끝을 간질인다. 그러면 꽃향기가 나는 쪽으로 자연스럽게 발걸음을 옮기게 된다. 이곳이 바로 풋남앤풋남 꽃집이다. 꽃을 구경하다가 문득 영국 시골 마을에 있을 법한 작은 서점을 발견하게 되는데, 이곳이 아트북을 파는 스트랜드 서점이다. 책을 고르다 보면 향긋한 커피 냄새에 고개를 돌리게 되는데 계단을 내려오면 토비스 커피숍으로 연결된다. 이 모든 게 한 공간 안에서 물 흐르듯 이어진다.

'클럽 모나코는 단순한 옷가게가 아니라 라이프스타일을 파는 곳'이라고 말했던 존 매하스 사장의 기사를 읽은 기억이 난다. 복잡한 대도시 뉴욕의 라이프스타일은 각자 정하기 나름이겠지만, 가끔은 이렇게 누군가가 정해놓은 라이프스타일을 체험해보는 것도 여행의 재미가 아닌가 싶다.

1 클럽 모나코 매장 외관. 2 아트북을 파는 스트랜드 서점. 3 클럽 모나코 매장과 이어지는 토비스 에스테이트 커피숍.

# *TJ Maxx & Marshalls* 티제이 맥스 앤 마셜스

## *Information*

- 620 6th Ave., New York, NY 10011
- 1, 2 line, 18th St. station
- 09:00~21:30(월~목), 09:00~22:00(금·토), 10:00~20:00(일)

@ 티제이 맥스 tjmaxx.tjx.com
마셜스 marshallsonline.com

### 아웃렛을 한 번 더 할인한 최저가 아웃렛

브랜드 제품을 할인해서 파는 곳이 아웃렛이고 여기서도 팔리지 않은 제품이 마지막으로 가는 종착지가 이 두 곳이 아닐까 한다. '티제이 맥스'와 '마셜스'는 내 유학 시절 단골 쇼핑 장소였다. 유학생이라 생활이 넉넉치 않기도 했지만 한국으로 돌아가야 하는 상황에서 비싼 물건을 사는 게 부담스러웠는데, 그때마다 티제이 맥스와 마셜스가 살림 장만에 도움이 됐기 때문이다. 소소하게 지인 선물이나 저가형 알뜰 상품을 구입할 때 만만하게 갈 수 있어 좋았다.

의류, 신발, 가방, 선글라스 같은 패션용품에서 식료품, 가구, 화장품, 전자기기까지 없는 게 없는 저가형 백화점이라고 할까. 중저가 물건들이 막 쌓여 있는 것 같지만 자세히 보면 모두 이름 있는 브랜드 제품들이다. 주로 이월상품이지만 가끔은 아웃렛에서 파는 물건이 30~40달러씩 싸게 나오기도 하니 가격을 잘 비교해보자.

1 지하에는 마셜스가 있고, 2층에는 티제이 맥스가 있다. 2 아웃렛보다 저렴한 상품들.

유학을 마치고 한국에 와서 제일 아쉬웠던 게 더 이상 티제이 맥스와 마셜스를 갈 수 없다는 사실이었을 정도로 찬찬히 살펴서 잘 고르면 득템할 수 있다. 한국에서는 비싼 크랩트리 Crabtree 핸드크림도 저렴하게 구매할 수 있으니 여유있게 둘러보자.

# *Bath & Body Works* 배스 앤 바디 웍스

## *Information*

📍 304 Park Ave. S, New York, NY 10016
🚇 4, 6 line, 23rd St. station
🕐 09:00~21:00(월~금), 10:00~21:00(토), 10:00~20:00(일)

@ www.bathandbodyworks.com

## 선물용으로도 손색없는 바디 제품

'바디샵'보다는 저렴하고 우리나라에는 아직 들어오지 않아서 지인 선물로 좋은 아이템 중 하나가 배스 앤 바디 웍스가 아닐까 싶다. 손 소독제와 가방에 매달 수 있게 만들어진 용기 케이스를 한 세트로 구매할 수 있는데, 세일 하면 2~3달러에 살 수 있어 단체로 돌리기 좋다. 이외에도 좋은 제품이 많아서 바구니가 넘치도록 담아 회사 동료나 친구들에게 풀어놓기 좋다. 한국에 있는 제품이라면 굳이 뉴욕까지 가서 사 올 필요가 없지만, 배스 앤 바디 웍스는 그런 점에서 특별하고 제품의 질도 좋아서 뉴욕에 가면 꼭 들른다.

손 소독제뿐만 아니라 향초, 바디 워시, 로션, 샴푸, 린스, 핸드크림 등 모든 바디 용품이 총 망라되어 있어 선택의 폭이 넓다. 각 코너마다 할인하는 품목들이 많아서 충동구매를 부르는 곳이기도 하다.

1 대중적인 바디 제품을 파는 '배스 앤 바디 웍스' 매장. 2 선물용으로 좋은 손 세정제 세트.

## 없는 게 없는 드럭스토어 겸 편의점 _ CVS

미국으로 여행을 가면 의외로 자주 가는 곳이 바로 CVS이다. 일본의 편의점처럼 미국 CVS에도 살 게 많고 구경하는 재미가 있다. 각종 과자와 생수(자판기에서는 생수가 콜라보다 비싸다), 화장품, 전자제품, 키링이나 냉장고 자석 같은 여행 기념품, 각종 비타민, 맥주와 와인, 샌드위치, 샐러드까지 없는 게 없다.

장거리 비행을 하고 나면 건강하던 사람도 면역력이 떨어져 감기나 두통 같은 질병에 걸리기 쉬운데, 이럴 때에도 CVS가 아주 유용하다. 미국은 간단한 약이나 응급처치 보조기구들을 편의점에서도 살 수 있기 때문이다. 사실 미국에서는 병원에 간다고 해서 특별한 걸 해주지는 않는다. 간단한 진료조차도 100달러가 훌쩍 넘고 주사나 항생제 처방을 잘 해주지 않기 때문에 심하지 않다면 CVS에 가는 편이 낫다. 증상에 따라 다양한 약들이 진열되어 있는데 약 중에 'severe'라고 적혀있는 것은 증상이 심할 때 먹는 것으로 약효가 강하다.

맨해튼 시내 어디서나 쉽게 볼 수 있고, 혹시 못 찾더라도 구글 맵에 'CVS near me'를 입력하면 주변의 가까운 CVS를 찾을 수 있다. 듀에인 리드Duane Leade나 월 그린Wall Green도 비슷한 종류의 약국이니 이용해도 좋다. 비상시에 필요한 간단한 약과 효능을 알아두면 당황하지 않고 증상에 맞는 약을 찾을 수 있다. 이런 약은 처방전 없이 살 수 있는 약으로 'OTC Drugs'라고 부른다.

## 두통, 생리통, 근육통_ 애드빌, 타이레놀

갑자기 찾아온 두통이나 가벼운 감기 증상에는 애드빌Advil이나 타이레놀 Tyrenol을 추천한다. 뉴욕 여행은 많이 걸어야 하는데 갑자기 다리가 아프거나 근육통이 있을 때에도 먹어도 효과가 있다.

## 알레르기 증상이나 콧물감기_ 베네드릴

알레르기 증상으로 몸이 가렵고 눈물, 콧물, 재채기가 난다면 베네드릴Bene dryl이 좋다. 항히스타민 성분으로 콧물, 눈물을 멈추게 하고 간지러움을 완화하는 작용을 한다. 일부 성분 때문에 졸릴 수 있지만 효과는 좋다.

## 속쓰림, 소화불량 _ 텀스, 펩토비스몰

속쓰림 증상이 심하지 않다면 텀스 Tums를 추천한다. 칼슘 성분이 속을 편안하게 해준다. 속쓰림이 심하고 소화가 안 되어 속이 많이 안 좋다면 펩토비스몰Pepto-bismol이 효과 가 있다.

## 시차 적응이 잘 안 될 때 _ 멜라토닌

낮과 밤이 반대인 뉴욕에서의 여행은 시차 적응이 관건이다. 보통 1~2일 이면 적응이 되는데, 아무리 노력해도 좀처럼 극복하기 어려울 때는 멜라 토닌Melatonin을 복용한다. 이는 수면제가 아니라 수면 유도제로 생체리듬을 조절하는 호르몬을 인위적으로 복용해 시차 적응을 돕는 것이다.

## 설사_ 이모디움, 게토레이

여행하다가 아픈 건 참을 수 있어도 설사는 참기 힘들다. 설사약은 이모디움 Imodium처럼 리퀴드 타입을 구입 하는 게 좋다. 체내 흡수가 빨라 증상 완화에 신속하게 도움이 된다. 또한 수분과 전해질 보충을 위해 게토레이 Gatorade도 함께 구입하는 것이 좋다.

## 가벼운 상처_ 네오스포린

가벼운 상처를 소독하고 치료하는 데는 네오스포린Neosporin이 좋다. 우리나라의 후시딘 같은 미국의 국민 연고로, 통증을 완화하며 염증을 방지해준다. 요즘은 직구로도 많이 구매하는 연고이니 하나쯤 사두면 좋다.

## 감기_ 데이퀼, 나이퀼

감기약으로는 낮에 먹는 데이퀼Day quil과 밤에 먹는 나이퀼Nyquil이 있다. 만약 증상이 심하다면 Severe가 쓰여진 것을 고르면 된다. 데이퀼과 나이퀼을 따로 살 수도 있고 같이 포장된 것을 살 수도 있다. 밤에 먹는 나이퀼은 먹으면 바로 잠이 와서 체력 회복에 도움이 된다. 알약형과 액체형이 있는데 액체형이 흡수가 빠르다.

*A Walk in New York*

# Williamsburg & Brooklyn

# ⊙ *Williamsburg & Brooklyn*

윌리엄스버그 & 브루클린

### 요즘 가장 핫한 예술가의 거리, 젊음의 거리

윌리엄스버그가 위치한 브루클린은 원래 힙한 동네는 아니었다. 맨해튼의 땅값이 천정부지로 올라가던 시절 치솟는 집값을 견디지 못한 예술가들이 1990년대 중반부터 브루클린 지역에 정착하면서 달라지기 시작했다. 특히 윌리엄스버그는 미국의 비싼 노동력 때문에 철수한 빈 공장을 가난한 예술가들이 스튜디오로 사용하거나 그 주변에서 직접 만든 물건들을 팔기 시작하면서 예술가의 거리로 바뀌게 되었다.

지하철 베드포드 애비뉴Bedford Ave. 역을 중심으로 곳곳에는 낡은 건물을 거리의 갤러리로 변모시키는 다양하고 재미있는 그래피티Graffiti가 있다. 윌리엄스버그에 평범한 벽은 하나도 없다고 할 만큼 화려한 그래피티들을 보는 것만으로도 특별한 느낌을 받을 수 있다.

주말 오후, 편안한 스니커즈를 신고 발길 닿는 대로 윌리엄스버그를 걸어보자. 그러다 마음에 드는 카페에 앉아 책을 읽고 커피를 마시며 지나가는 사람들을 구경해보자. 지루해지면 빈티지한 작은 가게들을 돌아보면서 평소라면 사지 않았을 물건을 하나 사서 나에게 선물해보자. 걷고 먹고 구경하는 나만의 자유여행을 완성하기에 가장 적합한 곳이 바로 윌리엄스버그이다.

유명한 커피숍인 블루 보틀과 토비스 커피, 스타일리시한 구제숍과 작은 소품 가게들, 그리고 야경 명소인 웨스트라이트가 있는 곳. 윌리엄스버그로의 여행은 지하철 L라인의 베드포드 애비뉴 역에서부터 출발하도록 한다. 윌리엄스버그는 아니지만 인생샷으로 유명한 덤보도 가는 길에 방문해보자.

# *Westlight* 웨스트라이트

**22층 럭셔리 호텔 루프탑에서 보는 맨해튼 전망**

요즘 윌리엄스버그에서 가장 핫하다는 윌리엄 베일 호텔 William Vale Hotel은 루프탑 바인 웨스트라이트에서 보는 맨해튼 조망이 멋지기로 유명한 곳이다. 날씨가 좋은 여름이나 봄과 가을에는 야외에도 테이블을 놓고 맨해튼의 전경을 즐긴다. 루프탑에서 보는 전경은 말이 필요 없을 정도로 아름답다. 순간을 기록하기 위해 360도 건물 주위를 돌며 아름다운 풍광을 카메라에 담아보자. 해 질 녘 야외테이블에서 야경을 보며 칵테일 한 잔 하고 싶은 곳이다. 주말에는 데이트하는 뉴요커들에게 인기가 많아 루프탑으로 올라가는 엘리베이터에 긴 줄이 늘어서 있다.

## Information

- 📍 111 N 12th St., Brooklyn, NY 11249
- 🚇 L line, Bedford Ave. station
- 🕐 16:00~24:00(월~목), 12:00~02:00(금~일)
- @ westlightnyc.com, www.thewilliamvale.com

---

# *Dumbo* 덤보

**〈무한도전〉과 〈원스 어펀 어 타임 인 아메리카〉의 그곳**

Dumbo는 'Down under the Manhattan Bridge Overpass' 의 약자로 국내에는 〈무한도전〉 촬영 때문에 많이 유명해졌지만, 미국에서는 고전 영화 〈원스 어펀 어 타임 인 아메리카Once upon a time in America〉의 포스터에 등장해서 알려진 곳이다. 〈무한도전〉에 나온 것처럼 제대로 사진을 찍고 싶다면 맨해튼 브리지 사이에 엠파이어 스테이트 빌딩이 보이는 위치에 서야 한다. 얼굴이 제대로 나오게 사진을 찍고 싶다면 한낮보다는 이른 아침이나 해 질 녘에 가야 역광을 피할 수 있다. 덤보는 브루클린에 있는데 구글맵을 켜고 한글로 '덤보 포토존'이라고 입력하면 가는 길을 쉽게 찾을 수 있다.

## Information

- 📍 41 Washington St., Brooklyn, NY 11201
- 🚇 A, C line, High St. station F line, York St. station

# *Toby's Estate Coffee* 토비스 에스테이트 커피

## *Information*

📍 125 N 6th St., Brooklyn, NY 11249
🚇 L line, Bedford Ave. station

🕐 07:00~19:00
@ tobysestate.com

### 호주 커피 장인이 만든 스페셜티 커피

영화 〈인턴〉은 볼거리가 많으면서 동시에 생각할 거리도 준 작품이어서 기억에 많이 남는다. 영화 속에서 로버트 드니로와 앤 헤서웨이가 커피를 마시러 간 카페가 바로 윌리엄스버그에 있는 토비스 에스테이트 커피였다. 세계적으로 유명한 커피 장인이자 스페셜티 커피의 중심인물인 호주의 토비 스미스가 창업한 브랜드이다.

토비 스미스는 브라질과 과테말라 농장에서 커피 기술을 연마했고, 호주로 돌아와서는 어머니집 차고에서 커피콩을 로스팅하기 시작했다고 한다(유명한 창업자들은 일단 차고에서 무언가를 시작하나 보다). 수많은 연구와 노력 끝에 완성시킨 토비스 커피는 진한 바디감이 느껴지지만 끝맛이 부드럽다. 커피를 와인에 비유하면서 아주 섬세하게 로스팅한 덕분이 아닐까 싶다. 토비스 커피는 최근 블루 보틀보다 더 상승세를 타고 있다고 한다. 커피 맛도 특별하지만 카페 역시 뉴욕의 힙한 분위기가 그대로 살아 있다. 커다란 통창으로 쏟아지는 햇살과 큰 책장 앞에 무심히 놓인 테이블, 커피를 마시며 맥북으로 작업하고 있는 젊은이들이 윌리엄스버그의 자유로운 모습을 그대로 보여주는 듯하다. 커피와 함께 이곳의 라떼는 부드러운 우유 속에 숨겨진 에스프레소 향이 일품이니 꼭 한번 마셔보길.

1 호주의 커피 장인이 만든 토비스 에스테이트. 2 영화 〈인턴〉에 나왔던 바로 그 장소.

# *Blue Bottle* 블루 보틀

*Information*

📍 76 N 4th St., Store A, Brooklyn, NY 11249
🚇 L line, Bedford Ave. station

🕐 06:30~19:00(월~금),
07:00~19:30(토·일)
@ www.bluebottlecoffee.net

## 샌프란시스코에서 온 특별한 커피

요즘 뉴욕에 가면 꼭 한번 마셔보고 싶은 커피가 윌리엄스버그에 있는 블루 보틀이다. 흔히 블루 보틀을 커피업계의 '애플'이라고 한다. 고집스러울 정도로 자신만의 방식을 고수하는 창업자 제임스 프리먼의 모습이 어딘가 스티브 잡스를 연상시키기 때문이다.

제임스 프리먼은 원래 교향악단 클라리넷 연주자였는데, 순회 공연을 다닐 때에도 손수 볶은 원두를 가지고 다닐 만큼 커피를 사랑했다. 연주를 그만둔 후 본격적으로 커피 개발에 몰두했고, 파머스 마켓에서 자신만의 스페셜티 핸드드립 커피를 팔기 시작했다. 그러다 2005년부터 샌프란시스코의 친구집 차고에 첫 블루 보틀 매장을 열었다.

주문을 받자마자 볶은 지 48시간 이내의 커피콩을 갈아서 핸드드립으로 정성껏 내려주었는데, 그 맛이 훌륭해 까다로운 실리콘 밸리 직장인들의 입맛을 단숨에 사로잡았다. 2017년 11월에 네슬레에 매각되었는데 그들의 커피가 전 세계로 진출할 기회가 되지 않을까 기대한다.

로고인 파란색 병처럼 내부 인테리어도 단순하면서도 세련되어 커피 맛에 더 집중할 수 있게 해준다. 핸드드립으로 내린 커피는 산미가 강하지만 가벼운 맛이고, 라떼는 매우 부드러워 술술 넘어간다. 윌리엄스버그 외에 브라이언트 파크와 록펠러 센터에도 매장이 있다.

1 윌리엄스버그의 블루 보틀 매장 입구. 2 내부 인테리어는 매우 심플하고 단순하다. 3 부드러운 맛이 일품인 블루 보틀 라떼.

# *Baggu* 바쿠

*Information*

📍 242 Wythe Ave. #4, Brooklyn, NY 11249
🚇 L line, Bedford Ave. station

🕐 11:00~19:00
@ baggu.com

## 장바구니를 패션 아이템으로

좋게 보면 에코백, 대충 보면 장바구니로 보이는 이 단순한 천가방 하나로 성공한 브랜드가 있다. 바로 2007년에 설립한 에코백 전문숍인 바쿠Baggu이다. 한 케이블 방송사의 예능 프로그램에서 탤런트 정유미가 들고 나와 일명 '정유미 가방'으로도 한국에 알려졌다.

바구의 오프라인 매장이 윌리엄스버그에 있다. 매장에는 방수가 되는 장바구니, 빨래가방, 책가방, 에코백, 여행소품 가방, 백팩, 숄더백, 랩탑 케이스 등이 하얀 벽에 형형색색으로 걸려 있다. 지나가던 발걸음을 멈추고 매장 안을 빼꼼히 들여다볼 만큼 시각적으로 훌륭하다. 물론 가방도 예쁘고 가격도 그리 비싸지 않아서 구경하다 보면 저절로 사고 싶은 욕구가 생긴다. 특히 여행용 3D 지퍼백은 패션을 중요시하는 여행자라면 탐낼 만한 아이템이다. 요즘은 우리나라에서도 직구로 구매한다고 하니 윌리엄스버그에 갔다면 하나쯤 사 오는 것도 좋지 않을까.

1 형형색색으로 진열된 바쿠의 가방들. 2 쇼퍼들의 잇 아이템, 여행용 3D 지퍼백.

# *Bird* 버드

## *Information*

203 Grand St., Brooklyn, NY 11211
L line, Bedford Ave. station

12:00~20:00(월~금),
11:00~19:00(토·일)
birdbrooklyn.com

**패피들이 탐낼 만한 옷만 모여 있다**

버드는 1999년에 문을 연 편집숍으로 브루클린에만 4개의 매장이 있고, LA에도 매장이 있다. 창업자 젠 맨킨스는 맨해튼의 유명 백화점 '바니스 뉴욕'에서 구매 담당으로 일하다가 패션 브랜드 '스티브 알란'의 구매 책임자로 경력을 쌓았다.

사실 미국은 가방과 신발은 가격 대비 훌륭하지만 옷은 우리의 취향과 스타일에 다소 동떨어진 면이 있는데, 버드는 한국인 취향에 잘 맞는 옷들이 많다. 소재와 디자인이 고급스러우면서도 가격은 중간대라 탐낼 만하다. 여성과 남성 컬렉션을 비롯해 신발, 가방, 액세서리 등의 소품, 그리고 아동복이 세련되고 빈티지한 인테리어와 어우러져 진열되어 있다. 세일 상품들은 한쪽에 모아놓기 때문에 잘 고르면 세련된 디자인의 옷을 적당한 가격에 사는 것도 가능하다.

1 세련되면서도 깔끔한 디자인의 옷을 모아놓은 편집숍 '버드'.  2 빈티지한 인테리어가 돋보이는 매장 입구.

# *Bedford Cheese Shop* 베드포드 치즈 숍

## *Information*

265 Bedford Ave., Brooklyn, NY 11211
L line, Bedford Ave. station

09:00~21:00
bedfordcheeseshop.com

**치즈 마니아라면 꼭 가봐야 할 수제치즈 가게**

윌리엄스버그 거리를 걷다 보면 이국적이고 예쁜 가게와 간판
들에 저절로 눈길이 간다. 베드포드 치즈 숍도 그런 곳 중 하나
였다. 빨간 벽돌 건물에 동물들이 그려진 깔끔한 간판이 예뻐서
'저 곳은 뭘까?' 하는 호기심을 갖고 매장에 들어가보았다.

베드포드 치즈 숍은 2003년 베드포드 애비뉴에 문을 연 로컬
치즈 가게로, 목장과 직거래한 우유로 고급 수제치즈를 만든다.
신선하고 좋은 재료에 전통방식이 어우러져 이곳만의 특별한
치즈가 완성된다. 가게 안에는 각종 치즈를 맛볼 수 있는 시식
코너도 있고, 치즈에 곁들여 먹는 비스킷과 쿠키도 판매한다.
또한 맛있는 치즈가 돋보이는 메뉴들, 예를 들어 부리토나 그
릴에 구운 치즈 샌드위치, 신선한 치즈와 채소가 들어간 샌드
위치 등도 있으니 한 끼 식사를 위해 들러도 좋겠다.

와인과 찰떡 궁합인 치즈 메뉴도 결코 놓칠 수 없다. 질 좋은 고
급 수제치즈에 와인 한 잔 마시고 싶은 사람은 매장에 들어서는
순간 행복한 기분에 사로잡힐 것이다. 잼과 피클, 올리브 등도
구입할 수 있으며, 맨해튼에도 그래머시에 어빙플레이스 점이
이곳에서 사지 못하더라도 걱정하지 말기를.

1 베드포드 치즈 숍의 매장 외부. 2 각종 치
즈와 와인 안주들이 진열되어 있어 구경하
는 재미가 있다. 3 가게에서 직접 만든 수제
잼과 소스들.

# *Kinfolk Store* 킨포크 스토어

*Information*

📍 94 Wythe Ave., Brooklyn, NY 11249
🚇 L line, Bedford Ave. station
🕐 12:00~20:00

@ kinfolklife.com/locations/the-kinfolk-store

## 느리고 소박하게 살려면 필요한 것들

킨포크의 사전적 의미는 '친족이나 친척 등의 가까운 사람'으로, 가까운 사람들과 함께 어울리며 자연 속에서 느리고 소박한 삶을 지향하는 사회 현상을 말한다. 2011년 미국 포틀랜드에서 작가, 화가, 사진가, 농부, 요리사 등 40여 명의 지역주민이 자신들의 일상을 담아 계간지 〈킨포크〉를 창간했는데, 이것이 전 세계적으로 큰 이슈를 모으면서 붐을 일으키게 되었다. 우리나라에서는 예능 프로그램 〈윤식당〉과 영화 〈리틀 포레스트〉 때문에 젊은층에게 잘 알려져 있다.

매장에서는 킨포크 상표가 붙은 제품과 킨포크가 선정한 다양한 브랜드 제품이 주로 판매된다. 액세서리, 생활용품, 빈티지 용품, 킨포크 관련 서적 등이 전시되어 있다. 브루클린 브루어리와 위스 호텔Wythe Hotel이 주변에 있어 가는 길에 들러 잠깐 구경하기 좋다. 내부 인테리어와 진열 방식이 평범하면서도 멋스러워 〈킨포크〉 잡지를 보는 듯하다. 2층으로 올라가는 계단이 가파르지만 올라가면 매장의 물건들을 한눈에 볼 수 있어 재미있다.

1 슬로우 라이프를 지향하는 킨포크 스타일이 반영된 숍 내부. 2 킨포크가 선정한 제품들로 구성된 매대.

# *Goorin Bros. Hat* 구린 브로스 햇

*Information*

📍 181 Bedford Ave., Brooklyn, NY 11211  
🚇 L line, Bedford Ave. station  
🕐 10:00~20:00(월~목), 10:00~21:00(금·토), 10:00~19:00(일)

@ www.goorin.com

## 120년 전통의 멋스러운 모자 가게

〈나 혼자 산다〉의 한혜진이 왔다 가서 우리나라에도 알려진 유명한 모자 가게. 1895년 미국 동부 피츠버그에 처음 문을 연 120년 전통의 가게로, 4대째 모자를 만들어 팔고 있다. 창업할 때는 남성 모자로 시작했지만 지금은 여성 모자도 취급하고 있다. 베레모, 캡 모자, 헌팅턴, 페도라 등 다양한 종류의 모자가 있으며, 원한다면 깃털까지 골라 나만의 모자를 주문할 수도 있다.

같이 간 지인이 한국에서는 용기가 없어 쓰지 못했던 모자를 고르며 굉장히 좋아했는데, 그 모습을 보니 여행이란 우리에게 새로운 곳에서 '원래의 내가 아닌 다른 나'가 되어볼 기회를 제공해준다는 생각이 들었다. 베드포드 애비뉴에 위치한 윌리엄스버그 점뿐 아니라 맨해튼의 웨스트빌리지와 소호의 블리커 스트리트에도 매장이 있다.

1 오랜 역사만큼이나 명성을 가진 모자 가게. 2 여러 종류의 모자가 빈티지한 인테리어와 잘 어우러져 있다.

# *Whisk Cook Utensils* 위스크 쿡 유텐슬스

*Information*

📍 231 Bedford Ave., Brooklyn, NY 11211
🚇 L line, Bedford Ave. station
🕐 10:00~20:00(월~토), 11:00~19:00(일)

@ www.whisknyc.com

**쿡스타그램을 완성할 부엌살림의 모든 것**

1인 가구가 늘고 '쿡방'이 유행하면서 요리에 관심 갖는 사람들이 늘고 있다. 사실 요리를 하면 주방용품에도 자연히 눈이 가는데, 그런 점에서 주방용품 전문점 '위스크'를 추천하고 싶다.

베드포드 애비뉴 역에 내려서 걷다가 간판이 예뻐서 들어간 곳인데, 알아 보니 맨해튼의 플랫 아이언 근처에도 매장이 있다고 한다. 주방용품 가게라고 무시하면 안 된다. 일단 들어가면 모든 것을 다 사고 싶기 때문이다. 요리와 제빵에 관심이 많은 나는 여기 있는 모든 것을 다 비행기에 태워 오고 싶은 유혹에 시달렸다.

앞치마부터 식기, 도마, 칼, 요리 서적, 커피 기구, 각종 베이킹 도구, 음료 보틀까지 총 망라된 요리덕후들의 성지 같다고 할까. 요리에 관심 없는 사람도 나도 요리 좀 해볼까 싶은 마음이 드는 곳이다. 특히 커피를 좋아하는 사람들은 위스크의 커피 기구에 눈이 번쩍 뜨일 것이다. 빈티지한 멋이 있는 인테리어는 구경하는 재미를 더한다.

# *Mast Brothers Chocolate* 마스트 브라더스

*Information*

📍 111 N 3rd St., Brooklyn, NY 11249
🚇 L line, Bedford Ave. station

🕐 11:00~19:00
@ mastbrothers.com

## 초콜릿 장인 형제가 만든 고급 수제초콜릿

윌리엄스버그를 즐겨 찾는 사람들에게는 제법 알려진 수제초콜릿 전문숍. 가게 이름에서 알 수 있듯 릭과 마이클 마스트 형제가 2001년 런칭한 초콜릿 브랜드로, 카카오와 케이슈거(사탕수수 설탕)만으로 만드는 고급 초콜릿이다. 본점인 윌리엄스버그 매장은 공장도 겸하고 있다. 커피 원두처럼 카카오 열매를 선별해서 로스팅하고, 이것을 다시 초콜릿으로 만들기까지 수작업으로 이루어지는 전 과정을 볼 수 있다.

매장에 들어서면 탁 트인 공간과 알록달록하면서도 세련된 디자인의 초콜릿이 시선을 사로잡는다. 특히 제품의 진열 형태가 독특하다. 초콜릿 투어와 테이스팅 투어도 진행하고 있으니 관심 있다면 참여해도 좋겠다.

맛도 맛이지만 이곳의 초콜릿을 유명하게 만든 것은 바로 포장이다. 다양한 패턴의 패키지 디자인이 뉴욕 힙스터들에게 크게 사랑받고 있다. 스텀프타운 커피나 블루 보틀 등에도 초콜릿을 납품하고 있다고 하니, 초콜릿 업계의 명품 브랜드라고 할 만하다. 식사를 마치고 배가 불러서 초콜릿을 사지 않으려 했지만 결국 초콜릿 쿠키를 사고 말았다. 내가 살면서 맛본 초콜릿 쿠키 중에 최고였다. 이곳의 인기 품목인 Sea Salt Chocolate Bar는 깊은 카카오 향과 소금의 짠맛이 더해져 초콜릿을 고급 음식처럼 느끼게 한다.

1 명품 초콜릿으로 유명한 마스트 브라더스 매장. 2 만드는 과정을 볼 수 있는 매장 내부의 조리대. 3 초콜릿 제품들은 맛뿐 아니라 트렌디한 디자인으로도 인기가 높다.

# *Whole Foods Market* 홀 푸즈 마켓

*Information*

📍 238 Bedford Ave., Brooklyn, NY 11249
🚇 L line, Bedford Ave. station
🕐 08:00~23:00

@ www.wholefoodsmarket.com/
stores/williamsburg

**유기농 식품을 전문적으로 판매하는 고급 슈퍼마켓**

요즘 뉴욕의 화두는 건강과 웰빙이다. 거리마다 샐러드 전문점이나 디톡스 주스바, 요가센터가 늘어나고 있는 것만 봐도 그렇다.

홀 푸즈 마켓은 천연 제품과 유기농 식재료를 전문적으로 판매하는 미국 최대 프리미엄 마켓이다. 뉴욕 곳곳에 매장을 갖고 있는 유통 체인점인데 윌리엄스버그에도 있다. 윌리엄스버그점은 초입에 꽃 매장이 있어서 꽃향기를 맡으며 상쾌한 기분으로 장을 볼 수 있다. 스시, 샌드위치, 과일, 샐러드, 치즈, 햄, 와인, 커피, 비타민 제제도 있고 화장품이나 치약, 핸드크림 등도 파는데, 세일 상품을 잘 고르면 선물용으로도 손색이 없다.

이곳에는 카트 전용 에스컬레이터가 있어서 지하 1층에서 쇼핑을 하고 카트를 카트 전용 에스컬레이터에 태우면 혼자 알아서 올라간다. 아마존이 홀 푸즈 마켓을 인수했다고 하니 앞으로는 최첨단 장비와 시스템을 갖춘 미래의 슈퍼마켓이 될 수 있지 않을까 기대된다.

산 음식을 바로 먹을 수 있게 스탠딩 테이블이 비치되어 있으니 한 끼 정도는 홀 푸즈 마켓의 유기농 식품으로 건강하게 식사해보자. 또한 시식 코너도 여러 곳이니 뉴요커가 먹는 고급 유기농 식품들을 체험해보자.

1 꽃향기 가득한 갤러리처럼 꾸며놓은 홀 푸즈 매장 입구. 2 한 끼 식사로도 훌륭한 샌드위치와 피자를 파는 곳. 3 고급 유기농 과일과 채소들로 채워져 있다.

## 미국의 공휴일, 기념일과 세일

**미국에는 크게 두 번의 정기 세일이 있다.** 7월 중순부터 시작하는 여름 세일과 추수감사절에 시작해 1월까지 하는 겨울 세일이다. 이 두 번의 세일 외에 공휴일에도 세일을 하니 뉴욕 방문 중에 공휴일이 있다면 놓치지 말자. 세일은 전날부터 시작되고 영업시간도 달라지므로 홈페이지에서 미리 확인한다. **미국의 공휴일은 크리스마스처럼 날짜가 지정되어 있는 것도 있지만, 대부분 몇째 주 월요일로 요일이 정해져 있다.**

- **1월 1일** 새해 New Year's Day

- **1월 셋째 주 월요일** 마틴 루터 킹 데이 Martin Luther King Jr. Day

  흑인 인권 운동가 마틴 루터 킹 목사를 기리는 날로 은행이나 관공서, 학교 등은 문을 닫는다.

- **2월 14일** 발렌타인 데이 Valentine's Day *

- **2월 셋째 주 월요일** 대통령의 날 President's Day *

- **2월 17일** 성 패트릭 데이 St. Patrick's Day

- **3월 하순~4월 상순** 부활절 Easter *

  부활절 날짜는 매년 다르다.

- **5월 둘째 주 일요일** 어머니의 날 Mother's Day *

  참고로 아버지의 날인 Father's Day는 6월 셋째 주 일요일이다.

- **5월 마지막 월요일** 메모리얼 데이 Memorial Day

  우리나라의 현충일과 같은 기념일로 세일을 크게 한다.

- **7월 4일** 독립기념일 Independence Day

  미국의 독립기념일이다.

- **9월 첫째 주 월요일** 노동절 Labor Day

  우리나라의 근로자의 날 같은 휴일이다.

- **10월 둘째 주 월요일** 콜럼버스 데이 Columbus Day

- **10월 31일** 할로윈 Halloween *

- **11월 11일** 재향군인의 날 Veteran's Day

  1, 2차 세계대전의 종전을 기념하는 날이다.

- **11월 넷째 주 목요일** 추수감사절 Thanksgiving Day

- **블랙 프라이데이** Black Friday

  세일이 추수감사절 당일 밤부터 다음 날 새벽까지 진행된다.

- **12월 25일** 크리스마스 Christmas

---

* 표시는 기념일을 말한다. 3월 둘째 주 일요일부터는 '서머타임(Daylight Saving Time)'이 실시되어 1시간 앞당겨진다. 서머타임은 11월 첫째 주 일요일에 끝난다.

*A Walk in New York*

# Harlem & Uptown

# ⑨ *Harlem & Uptown* 할렘 & 업타운

## 빛과 그림자가 공존하는 도시

흔히 할렘을 '뉴욕의 그림자'라고 이야기하는데, 사실 아주 틀린 말은 아니다. 높은 범죄율과 마약 중독자, 부랑자들을 거리 곳곳에서 볼 수 있으니 말이다. 그래서인지 대부분의 뉴욕 여행책에서 할렘 지역은 아예 빠져 있다. 마치 할렘이 뉴욕이 아닌 것처럼.

할렘은 맨해튼 북쪽 110가에서 155가까지를 말한다. 역사적으로 보면 할렘은 가난한 동네가 아니었다. 처음에는 네덜란드 농부들이 정착해 살던 목가적인 마을이었고, 19세기에는 부유한 유대인들의 주거지로 이용되었다. 이곳에 흑인들이 들어온 것은 채 100년이 되지 않는다.

할렘에 지하철이 들어온다는 소식이 퍼지자 곧 개발 붐이 일었다. 하지만 과다한 주택 공급은 지하철 개발 계획 취소로 인해 가격 하락으로 이어졌다. 그때 가난한 흑인들이 싼 가격 때문에 이 지역에 대거 유입되었고, 할렘은 대표적인 흑인 거주지이자 빈민가로 전락하고 말았다.

1980년대부터 범죄 도시라는 오명을 벗기 위해 할렘에 대대적인 개혁작업이 이루어졌다. 공공시설을 확충하고, 빌 클린턴 전 대통령의 사무실이 들어서면서 예술과 문화의 도시로 조금씩 탈바꿈하고 있다. 현재는 스타벅스와 유명 체인점들이 들어오고, 다각도로 토지를 개발하여 예전보다 안전한 지역으로 변모하고 있다(물론 여전히 위험한 지역도 있지만!).

리버사이드 교회와 세인트 존 더 디바인 대성당, 마이클 잭슨이 공연하고 영화 〈드림 걸즈〉에도 나왔던 아폴로 극장, 엘라 피츠제럴드와 듀크 엘링턴이 공연했던 뉴욕 흑인 재즈의 산실 코튼 클럽, 흑인 소울푸드를 파는 실비아 식당이나 레드 루스터가 있는 할렘은 충분히 돌아볼 만한 문화적 가치를 지닌 곳이다.

# *The Met Cloisters* 클로이스터스

*Information*

📍 99 Margaret Corbin Dr, New York, NY 10040
🚇 A line, 190th St. station / Bus M 4, The Met Cloisters

🕐 10:00~16:45
@ www.metmuseum.org/visit/
met-cloisters

## 도심 속 수도원 같은 박물관

도시에 산다는 것은 많은 것을 누릴 수 있는 편리함이 있지만, 동시에 자신을 잃어버리기도 쉽다.
뉴욕처럼 복잡한 곳에서는 더 그렇다. 뉴욕의 거리를 헤매며 사진을 찍고 맛집을 찾아다니고, 사
람을 만나 취재하며 조금씩 피로가 쌓이고 있었을 때, 갑자기 이곳에 가고 싶어졌다.

클로이스터스는 맨해튼 북쪽인 워싱턴 하이츠의 포트 트라이언 파크 안에 있는 메트로폴리탄 박
물관의 별관이다. 잔뜩 흐린 겨울 날씨에 허드슨 강이 내려다보이는 언덕에 있는 클로이스터스
는 흡사 중세 유럽의 수도원 같다.

회색 수도복을 입은 수사님과 수녀님이 맞아줄 것 같은 이 박물관은 실제로도 중세 수도원 건물
이었다고 한다. 12~15세기 수도원 건물의 잔해들을 모아서 미국에 가져온 다음 도면에 따라 조

립해 만들었다. 클로이스터스란 이름은 중세 수도원의 안뜰을 둘러싸는 '회랑'에서 따온 것이라
고 한다.

박물관에는 주로 기독교와 관련된 스테인드글라스, 프레스코화, 태피스트리(Tapestry: 다채로운
실로 그림을 짜 넣은 직물 작품), 그리고 회화 작품들이 전시되어 있는데, 이곳만의 독특한 매력과
분위기가 고스란히 느껴진다. 전시품들은 조각가이자 중세 예술수집가인 조지 그레이 버나드가
스페인, 독일, 프랑스 수도원에서 수집한 것에 Met 가와 록펠러 가의 수집품이 더해진 것이다.

1440년대 작품으로 성녀들이 있는 스테인드글라스나 벽면을 장식한 1500년에 만들어진 웅장
한 태피스트리, 금박과 화려한 색으로 장식된 베리 공작의 책, 부조와 조각들, 미사를 드리는 예
배실에 걸린 대형 예수님 조각상 등은 눈여겨볼 작품들이다. 기독교인이 아니어도 작품을 감상
하는 것만으로도 왠지 모를 마음의 평화가 차오른다.

이곳에서 꼭 가봐야 할 곳은 카페가 있는 정원 회당Trie Cloister과 12세기에 만들어진 유리로 덮
힌 천장이 있는 회당Cuxa Cloister이다. 나를 돌아보는 여행의 방점을 찍기에 적당한 곳이다.

1 수도원의 회랑. 2 웅장하고 아름다운 스테인드글라스. 3 벽에 걸린 대형 예수상이 인상적인 예배당. 4 벽면을 가득 채운 중세 시대의 테피
스트리.

# *Cathedral Church of St. John the Divine* 세인트 존 더 디바인 대성당

## *Information*

📍 1047 Amsterdam Ave., New York, NY 10025
🚇 B line, 116th St. station / Bus M 4, Cathedral Py/Morningside Dr, M 3, Manhattan Ave./Cathedral Py

🕐 07:30~18:00
@ www.stjohndivine.org

## 모닝사이드 하이츠의 유서 깊은 건물

안전하고 깨끗한 동네로 알려진 모닝사이드 하이츠에 있는 세인트 존 더 디바인 대성당은 1892년에 짓기 시작해서 100년 넘게 공사가 진행중인 미완성 건물이다. 공사가 오래되다 보니 비잔틴, 로마네스크 양식으로 시작한 건물이 나중에는 고딕 양식으로 변경되었다고 한다. 성당에서는 8,500개의 파이프가 연결된 파이프 오르간의 아름다운 연주를 들을 수 있다.

특이할 만한 점은 성당의 아름다운 스테인드글라스에 침몰하는 타이타닉 호가 그려져 있다는 사실이다. 대부호였던 존 제이콥 애스터 부부는 영화 〈타이타닉〉에도 나왔던 인물로, 당시 남편은 자신보다 18살 어린 임신한 아내를 살리고 자신은 배와 함께 침몰했다. 살아남은 부인은 남편을 추모하기 위해 성당에 스테인드글라스를 기부하면서 타이타닉 호를 새겨 넣었다고 한다. 성당을 방문한다면 어디쯤에 있는지 한번 찾아보자.

1 대성당의 웅장한 외부 모습. 2 성당에서 크리스마스 미사를 드리는 사람들.

# Riverside Church

## 리버사이드 교회

### *Information*

📍 490 Riverside Dr, New York, NY 10027
🚇 B, D line, 125th St. station / Bus M 5, Riverside Dr/W 119th St.,
　　M 4, Broadway/W 120th St.

🕐 07:00~10:00
@ www.trcnyc.org

### 마틴 루터 킹, 록펠러 가문과 함께하는 미국 현대사의 그곳

세인트 존 더 디바인 대성당이 100년 넘게 공사중인 것과 달리, 1927년에 건축을 시작해 6년 만에 완공된 교회가 있다. 바로 대성당 근처에 위치한 리버사이드 교회이다. 이렇게 빨리 완공될 수 있었던 것은 록펠러 가문의 엄청난 재력 덕분이었는데, 그래서인지 교회 안으로 들어가면 벽에 새겨진 록펠러 가문의 이름을 볼 수 있다.

리버사이드 교회는 웅장한 외관으로 유명하지만, 미국 현대사의 중요 장소로도 유명하다. 1967년 4월 7일 마틴 루터 킹 목사가 베트남 참전 반대 설교인 '베트남을 넘어서-침묵을 깨야 하는 때(Beyond Vietnam-a Time to Break Silence)'를 이곳에서 연설했다. '나에겐 꿈이 있습니다(I Have a Dream)'와 더불어 킹 목사의 가장 유명한 연설 중 하나이다.

또한 넬슨 만델라가 미국을 방문한 첫 주일에 설교를 하기도 했고, 얼마 전에 작고한 코피 아난 전 유엔 사무총장이 9.11 테러 이후 연설을 하기도 했다. 종교를 넘어 사회에 적극적으로 참여하고 여론을 이끄는 대표적인 교회이다.

1 막대한 자본으로 완성한 돔 형식의 화려한 교회 내부. 2 사회 참여도 활발히 하는 등 미국 역사와 함께한 리버사이드 교회.

복도 곳곳에서 마틴 루터 킹 목사의 흔적을 느낄 수 있다. 웅장한 예배당, 2층에 달려 있는 예수님 조각상, 22층 높이의 종탑도 살펴볼 충분한 가치가 있다.

# *Dinosaur BBQ* 다이노소어 비비큐

## *Information*

📍 700 W 125th St., New York, NY 10027
🚇 B, D line, 125th St. station
🕐 11:30~23:00(월~목), 11:30~24:00(금·토), 12:00~22:00(일)

@ www.dinosaurbarbque.com

### 할렘에서 맛보는 정통 미국식 바베큐

다이노소어 비비큐를 처음 접한 곳은 뉴욕 할렘이 아니라 내가 살던 버팔로에서 차로 2~3시간이면 닿을 수 있는 로체스터였다. 로체스터에 가면 꼭 다이노소어 비비큐에 들러서 달짝지근하면서도 짭짤한 바베큐 폭립을 즐겨 먹곤 했다.

이 맛을 잊지 못하다가 컬럼비아 대학에서 공부하는 친구를 만나러 할렘에 가게 되면서 다이노소어 비비큐로 약속 장소를 정했다. 이민자들이 퍼트린 음식이 대부분인 뉴욕에서 왠지 제대로 된 미국 음식을 맛보려면 이곳이 가장 적합할 것 같아서였다. 엄청난 크기의 바베큐 립과 코울슬로, 비스킷이 한상 가득 차려졌다. 맨해튼의 비싼 식사비를 신경 쓰지 않아도 되는 엄청난 양과 착한 가격이 마음에 들었다. 셔츠 소매를 걷은 다음, 손에 립을 들고 입 주위에 바베큐 소스를 묻혀가며 정말 맛있게 먹었다. 한 가지 팁을 주면, 주문할 때 폭립과 윙을 적절히 섞어 시키는 게 좋다. 우리나라 닭다리만 한 미국의 윙을 시킬 때는 매운맛이나 허니바베큐 소스로 주문하면 입맛에 잘 맞는다.

가끔 할렘은 좀 위험하지 않느냐고 묻는 사람이 있는데, 다이노소어 비비큐는 컬럼비아 대학교 주변이고, 허드슨 강쪽이라 위험하지 않다. 간 김에 명문 컬럼비아 대학교의 교정도 구경해보자. 미식의 도시이니 많이 먹고 많이 걷는 것이야말로 뉴욕을 여행하는 가장 완벽한 방법이 아닐까.

1 폭립과 치킨 레그가 나오는 세트. 2 사이드 디시로 주문한 코울슬로와 샐러드, 매시드 얌.

## 뉴욕 최고의 재즈바

### 디지스 클럽 코카콜라 Dizzy's Club Coca-Cola

디지스 클럽 코카콜라는 20세기 최고의 재즈 트럼펫 연주자인 디지 길레스피Dizzy Gillespie의 이름을 따서 만든 세계 최초의 재즈 전용 공연장으로 코카콜라가 후원하고 있다. 콜럼버스 서클의 타임워너 센터에 Jazz at Lincoln Center가 위치해 있다. 여기에는 3개의 재즈 공연장이 있는데 이 중에서 **일반 대중이 가기 편한 모던한 분위기의 재즈 클럽이 바로 디지스 클럽이다.** 무대 뒷부분이 통유리로 되어 있어 연주를 들으며 맨해튼의 뷰를 한눈에 감상할 수 있다. 홈페이지를 통해 예약을 하고 가는 것이 좋고, 식사보다는 간단하게 음료를 마시며 감상하기를 권한다. **커버 차지(입장료)는 요일에 따라 다르고 음료는 최소한의 주문 금액이 있다.** 팁은 입장료를 제외한 주문 금액에 대해서만 15~20퍼센트 정도 주면 된다.

📍 10 Columbus Cir, New York, NY 10019
@ www.jazz.org(티켓 예매)

### 블루노트 Blue Note

재즈는 뉴올리언스에서 시작되었지만 많은 재즈 연주자들이 뉴욕과 시카고의 클럽에서 활동했던 까닭에 뉴욕은 재즈 역사에서 중요한 자리를 차지한다. 1981년에 문을 연 뉴욕의 블루노트는 **사라 본, 레이 찰스, 토니 베넷, 오스카 피터슨 등 기라성 같은 재즈 뮤지션들이 거쳐간 유명 클럽이다.** '뉴욕의 재즈클럽'을 말할 때 흔히 상상하고 기대하는 그 모습 그대로라 관광객들에게 인기가 많다. 미리 예약하는 게 좋으며, 예약 시에는 커버 차지(입장료)를 결제해야 하는데 당일 연주자에 따라 금액이 달라진다. 입장하면 음료나 음식을 시켜야 하며, 바와 테이블 자리의 가격이 다르다. **좌석은 지정석이 아니므로 예약을 했더라도 일찍 가서 입장하는 편이 좋다.**

📍 131 W 3rd St., New York, NY 10012
@ www.bluenotejazz.com/newyork(티켓 예매)

## 워싱턴 D.C. Washington D.C.

사실 워싱턴 D.C.만으로도 책 한 권을 쓸 수 있을 정도로 매력적인 도시이다. 일주일 이상 뉴욕을 여행하는 사람이라면 1박 2일이라도 좋으니 워싱턴 D.C.에 꼭 가보기를 권한다. 뉴욕에서 기차로는 3시간, 버스로는 4시간이 걸리는데, 우리나라에서 3~4시간은 먼 축에 속하지만 미국에서는 옆 동네라 할 만큼 가까운 거리이다.

기차든, 버스든 미리 표를 예매하면 싸게 살 수 있다. 미국은 버스나 기차도 비행기표처럼 싼 표부터 팔기 시작해서 뒤로 갈수록 비싼 표만 남게 된다. 싸게 사면 버스표는 뉴욕에서 워싱턴까지 1달러짜리도 구매가 가능하다. 기차가 버스보다 빠르긴 한데 가격이 더 비싸다. 워싱턴 D.C.를 처음 간다면 유니언 역에서 내려 우버나 메트로를 타고 링컨 기념관에 도착한 뒤, 거기서부터 여정을 시작해보자.

### ★ 링컨 기념관 주변

링컨 기념관Lincoln Memorial, 한국전 참전 용사비Korean War Memorial, 그리고 워싱턴 기념탑Washington Monument 순으로 돌아보자.

### 링컨 기념관

미국이 가장 사랑하는 16대 대통령 아브라함 링컨을 기념하기 위해 1922년에 만들어졌다. 가운데 링컨 대통령의 거대한 석상이 있고 양쪽 벽에는 그 유명한 '국민의, 국민에 의한, 국민을 위한 정부'를 역설한 게티스버그 연설과 두 번째 대통령 취임사가 새겨져 있다. 기념관 앞에는 1963년 마틴 루터 킹 목사가 'I Have a Dream'을 연설했던 자리에 문구가 새겨져 있다. 링컨 기념관과 워싱턴 기념탑 사이에는 기다란 리플렉션 풀이 있는데, 바로 이곳이 영화 〈포레스트 검프〉에서 톰 행크스가 제니와 다시 만났던 곳이다. 링컨 대통령 석상을 등지고 마틴 루터 킹 목사가 연설을 했던 곳에 서서 기념탑을 바라보는 것만으로도 가슴이 벅차오른다.

### 한국전 참전 용사비

1950년에 발발한 한국전쟁에는 미군과 미국인 민간봉사자가 150만 명 참전했다. 이곳에는 참전용사 19명의 실물 크기 동상이 세워져 있는데, 이 동상들이 검정색 대리석 벽에 비친 모습을 합치면 총 38명으로 '한국의 38선'을 의미한다고 한다. 바닥에는 '알지도 못하고 만난 적도 없는 사람들을 위해 나라의 부름에 응한 미국의 아들과 딸들을 기념한다'는 문구가 새겨져 있어 보는 이의 가슴을 뭉클하게 한다. 'Freedom Is Not Free(자유는 그냥 주어진 것이 아니다)'라는 글귀처럼 지금의 한반도 평화 뒤에는 수많은 이들의 희생이 있었다는 생각에 저절로 묵념을 하게 된다.

### 워싱턴 기념탑

미국 초대 대통령인 조지 워싱턴을 기념하기 위해 만든 오벨리스크이다. 링컨 기념관에서 정확히 일직선 상에 위치한다. 1899년 이후 미국은 이 기념탑보다 높은 건물을 만들지 못하도록 규제해 현재까지도 워싱턴에는 기념탑보다 높은 건물이 없다.

### ★ 백악관 White House

백악관 투어는 보통 6개월 전에 예약해야 한다. 예약을 못했거나 큰 관심이 없다면 건물이 갖는 상징적 의미가 있으므로 인증샷 한 장 정도로 대신하자.

### ★ 내셔널 몰 National Mall

세계 최대의 박물관과 미술관 단지. 영국 과학자 제임스 스미슨의 기부금으로 설립된 스미소니언 재단이 운영하는 박물관과 미술관이 몰려 있다. 여담이지만 스미 소니언은 영국인으로 한 번도 미국에 가본 적이 없는데 50만 달러라는 거금을 미국에 기증했다고 한다. 정확한 이유는 지금까지 알려지지 않았다.

대부분의 박물관은 스미슨 씨의 유언 대로 무료로 입장할 수 있다. 하루를 온전히 써도 다 볼 수 없을 만큼 방대한 양의 전시품이 있다. 개인적으로는 일주일 정도 머물며 미국 역사박물관이나 홀로코스트 박물관, 아메리칸 인디언 박물관 등을 다 돌아보고 싶다. 추천하는 곳은 국립자연사 박물관National Museum of Natural History, 항공우주박물관National Air and Space Museum, 국립미술관National Gallery of Art으로 시간이 부족하더라도 꼭 관람해보기를 권한다.

## ⭐ 국회의사당 US Capitol

국회의사당은 내셔널 몰이 끝나는 곳에 있다. '캐피톨'이라는 별칭은 로마의 일곱 언덕 중 가장 신성하게 여겨진 카피톨리누스 언덕에서 비롯되었다고 한다. 이곳은 꼭 가이드 투어를 들어야 입장할 수 있다. 영어가 부담스러운 관광객들은 그냥 지나치기 쉬운데, 영어를 잘 못하더라도 투어를 신청해보자. 미국의 역사와 에피소드가 꽤 흥미롭고 미국 민주주의가 탄생한 곳을 둘러보는 의미가 있다.

@ www.visitthecapitol.gov(투어 예약)

## ⭐ 조지 타운 George Town

워싱턴에서 가장 핫한 곳을 꼽으라면 단연 조지 타운이라고 답할 수 있다. 낮고 클래식한 건물에 들어선 카페와 레스토랑, 쇼핑 매장이 뉴욕과는 다른 멋을 풍긴다. 워싱턴 하버 Washington Harbor까지 산책하는 길도 아름답고 주변 식당도 로맨틱한 곳이 많다. 조지 타운에서 유명한 컵케이크 가게에 들러 달달한 케이크와 커피를 마시면서 조지타운대 학생들의 활기찬 모습을 보는 것도 여행의 포인트이다.

## 보스턴 Boston

보스턴은 뉴욕의 펜 스테이션에서 기차로 3시간 30분에서 4시간 30분 정도 걸리고, 버스로는 포트 오소리티 버스터미널에서 약 4시간 30분이 소요된다. 당일 코스로 다녀오기엔 다소 무리가 있어서 1박 2일 일정을 추천한다. 뉴욕과는 또 다른 매력이 있는 도시로 교육과 역사적인 의의를 가진 곳이다. 지하철 연결이 잘 되어 있어 차를 빌리지 않고 대중교통으로 다닐 수 있다.

보스턴에서는 먼저 하버드와 MIT 대학을 둘러본 다음 '프리덤 트레일 투어'에 참여해보자. 그러고 나서 시간이 된다면 보스턴 미술관까지 둘러본다. 식사와 쇼핑은 뉴베리 스트리트가 좋다. 맥주 마니아라면 보스턴의 대표적인 맥주 브랜드인 새뮤얼 아담스 양조장 투어를 신청한다.

### ★ 대학가 탐방

보스턴에는 '교육의 도시'라는 명성에 걸맞게 하버드, MIT, 터프츠, 보스턴 유니버시티 등이 있다. 아이와 함께하는 여행이라면 세계 최고의 대학을 둘러볼 수 있는 좋은 기회가 될 것이다.

### 하버드 대학

대학 홈페이지에 들어가면 무료로 투어를 예약할 수 있다. 하버드 학생들이 직접 가이드하는 투어로 하버드의 역사와 하버드 학생들의 일상 에피소드를 들을 수 있다. 투어를 끝내고 학교 근처 카페에서 식사나 브런치를 해보자.
@ www.harvard.edu/on-campus/visit-harvard/tours(투어 예약)

### MIT 공대

하버드에서 택시로 10분이면 도착할 만큼 가까이 있다. 캠퍼스 건물이 미학적이며, 구경하다 보면 로봇을 작동하는 연구원의 모습도 어렵지 않게 볼 수 있다. MIT를 나와 찰스 강을 가로지르는 다리를 건너면 다운타운 쪽으로 갈 수도 있는데, 찰스 강은 보스턴에서 빼놓을 수 없는 아름다움을 지닌 관광 명소이다.

## ★ 프리덤 트레일 투어 Freedom Trail Tour

보스턴은 미국이 영국의 지배에서 독립해 새로운 국가를 창설하는 데 중요한 역할을 한 곳이다. 독립운동의 유적지를 전문 해설사와 함께 돌아보는 투어 프로그램이 유명한데, 그것이 일명 '자유의 길'이라 불리는 프리덤 트레일이다. 프로그램은 90분 코스에서 한나절 코스까지 다양하며 영어로 진행된다. 독립전쟁 당시의 복장을 한 해설사들이 연극을 하듯 해설을 해주는데, 개인적으로 그동안 경험한 수백 개의 투어 프로그램 중 다섯 손가락 안에 꼽을 정도로 좋은 투어이다.

## ★ 파뉴일 홀 마켓 플레이스 Faneuil Hall Market Place

프리덤 트레일에 참여하면 대부분 이곳에서 투어를 마친다. 장시간 걸어서 쌓인 피로도 풀고 출출한 배도 달랠 겸 들리기 좋다. 1826년에 지어진 건물로 피터 파뉴일이 보스턴 시에 기증한 미국 혁명의 발상지이다. 다양한 식재료와 음식들을 구경한 뒤 보스턴에서 유명한 랍스터롤과 클램 차우더로 한 끼 식사를 해결하자.

## ★ 뉴베리 스트리트 Newbury Street

보스턴의 핫 플레이스로 다양한 상점과 레스토랑, 카페가 몰려 있는 젊음의 거리이다. 퍼블릭 가든Public Garden에서 매사추세츠 애비뉴Massachusetts Avenue까지 이어지는 거리로, 식사를 하거나 간단하게 술을 한잔하기에도 좋다. 해 질 녘 가로등이 하나둘 켜지면 낮게 클래식한 건물들이 더욱 아름답게 빛난다.

## ★ 보스턴 미술관 Museum of Fine Arts, Boston

보스턴에서 묵었던 숙소의 주인 노부부가 가보라고 권해준 곳이다. 메트로폴리탄 미술관, 시카고 미술관과 함께 미국의 3대 미술관으로 꼽힐 만큼 방대하고 수준 높은 미술품을 전시하고 있다. 이집트의 미이라를 비롯해 르누아르, 고흐, 모네, 고갱 등의 작품을 볼 수 있다. 좋은 그림들이 너무도 많아서 미술관 내 카페에서 샌드위치로 점심을 먹고 하루 종일 시간을 보내도 후회가 없을 만큼 매력적이다. 지하철 Museum Fine Arts 역에서 내리면 도보로 5분 후 도착할 수 있다.

# *My First Travel in New York*

# 나의 첫 자유여행, 뉴욕

"The glamour of it all! New York! America!"
**화려함의 극치! 뉴욕! 아메리카!**

_ 찰리 채플린

여행은 나를 비추는 거울이자 나를 돌아보는 방법이다.
여행에서 무엇을 보고 느끼든 그것은 내 삶의 소중한 순간이 된다.
나를 찾아 떠나는 여행을 계획하는 것만큼 자신을 더 사랑하는 방법이 있을까.

# 유비무환 체크리스트

## 필수품

☑ 여권 ☐ ☐ ☐

☐ ☐ ☐ ☐

## 생활 필수품

☑ 치약 ☐ ☐ ☐

☐ ☐ ☐ ☐

## 의류 및 기타

☑ 운동화 ☐ ☐ ☐

☐ ☐ ☐ ☐

## 여행 용품

☑ 가이드북 ☐ ☐ ☐

☐ ☐ ☐ ☐

*tip* **이런 것은 가져 가면 좋아요!**
- 비상약: 소화제, 지사제, 일회용 밴드 등은 챙기자!
- 신용카드: 현금이 부족할 수 있으니 해외에서도 사용 가능한 카드로 챙기자!

# 비상시 대처법

### 여권을 분실했을 때

잃어버렸다는 것을 알았다면 바로 영사관에 가서 증명서를 발급받는다. 출국 전 여권 사본과 사진을 준비해두면 유용하다.

**한국영사관**

📍 460 Park Ave., New York, NY 10022

☎ 1- 646-674-6000, 6080, 6078

@ www.koreanconsulate.org

### 휴대품을 분실했거나 도난당했을 때

여행자보험에 들었다면 보상을 받기 위해 근처 경찰서에 가서 증명서를 발급받아야 한다. 분실과 도난에 따라 보상 유무와 정도가 달라지므로 가입한 여행자보험 약관을 꼼꼼히 읽어본다.

### 아플 때

아파서 병원에 가거나 입원하는 일은 없어야 하겠지만, 사람 일은 알 수가 없다. 약으로 해결되지 않으면 주저하지 말고 병원에 가자. 병원비는 개인 신용카드로 계산하고 진단서와 진료비 영수증을 챙겨 귀국한 다음 보험사에 제출해 보상을 받도록 하자. 맨해튼의 한인타운이나 퀸스의 플러싱에 있는 한인타운에는 한국 의사들이 진료하는 병원도 있으니 참고하자.

### 사고가 났을 때

911에 전화를 걸어 구조를 요청하고 24시간 운영하는 한국영사콜센터에도 연락하자.

☎ 011-800-2100-0404

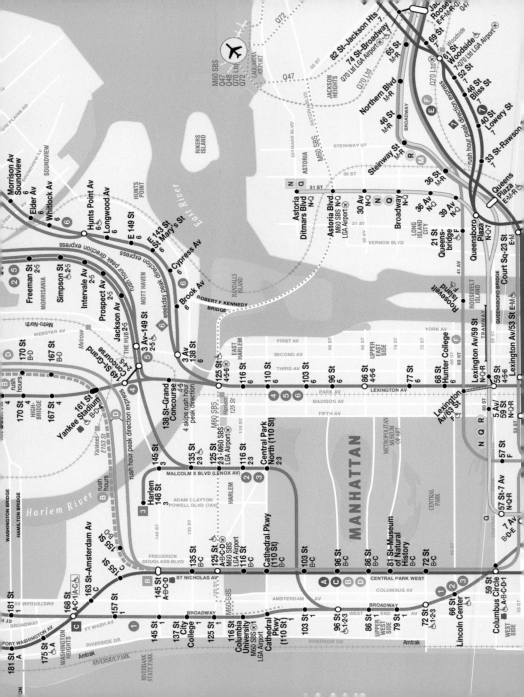

*Travel Note*

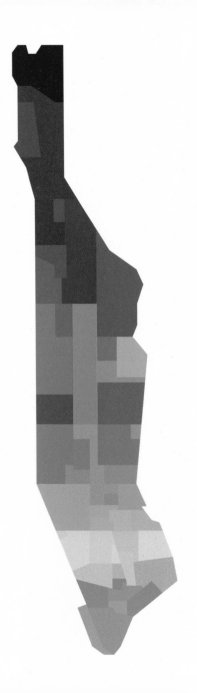

# *1st Day*

*date :* _____

*Place*

_____

_____

_____

_____

_____

_____

_____

*Must Do It*

# 상세 일정

| | 시간 | 장소 | 가는 법 |
|---|---|---|---|
| ☐ | | | |
| ☐ | | | |
| ☐ | | | |
| ☐ | | | |
| ☐ | | | |
| ☐ | | | |
| ☐ | | | |
| ☐ | | | |
| ☐ | | | |

**Memo**

# 지출 내역

📍입장권 등

📍교통

📍먹거리

📍쇼핑

# 2nd Day

date : _____

*Place*

_____

_____

_____

_____

_____

_____

_____

*Must Do It*

# 상세 일정

| | 시간 | 장소 | 가는 법 |
|---|---|---|---|
| ☐ | | | |
| ☐ | | | |
| ☐ | | | |
| ☐ | | | |
| ☐ | | | |
| ☐ | | | |
| ☐ | | | |
| ☐ | | | |
| ☐ | | | |

**Memo**

# 지출 내역

**◉ 입장권 등**

........................................................
........................................................
........................................................

**◉ 교통**

........................................................
........................................................
........................................................

**◉ 먹거리**

........................................................
........................................................
........................................................

**◉ 쇼핑**

........................................................
........................................................
........................................................

# *3*rd Day

*date : _____*

*Place*

---
---
---
---
---
---
---

*Must Do It*

# 상세 일정

| | 시간 | 장소 | 가는 법 |
|---|---|---|---|
| ☐ | | | |
| ☐ | | | |
| ☐ | | | |
| ☐ | | | |
| ☐ | | | |
| ☐ | | | |
| ☐ | | | |
| ☐ | | | |
| ☐ | | | |

**Memo**

# 지출 내역

📍입장권 등

📍교통

📍먹거리

📍쇼핑

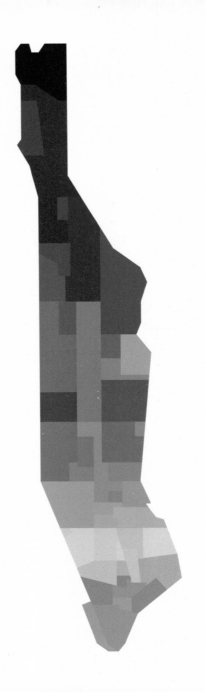

# *4th Day*

date : _____

## *Place*

_____

_____

_____

_____

_____

_____

_____

_____

## *Must Do It*

# 상세 일정

| | 시간 | 장소 | 가는 법 |
|---|---|---|---|
| ☐ | | | |
| ☐ | | | |
| ☐ | | | |
| ☐ | | | |
| ☐ | | | |
| ☐ | | | |
| ☐ | | | |
| ☐ | | | |
| ☐ | | | |

*Memo*

# 지출 내역

📍입장권 등

📍교통

📍먹거리

📍쇼핑

# **5**th Day

date : _____

*Place*

*Must Do It*

# 상세 일정

| | 시간 | 장소 | 가는 법 |
|---|---|---|---|
| ☐ | | | |
| ☐ | | | |
| ☐ | | | |
| ☐ | | | |
| ☐ | | | |
| ☐ | | | |
| ☐ | | | |
| ☐ | | | |
| ☐ | | | |

*Memo*

# 지출 내역

영수증을 붙이세요.

📍입장권 등

📍교통

📍먹거리

📍쇼핑

# 필수 여행 영어

~은 어디예요?

Where is…?
웨어 이즈…?

화장실은 어디예요?

Where is the restroom?
웨어 이즈 더 레스트룸?

지하철역은 어디예요?

Where is the subway station?
웨어 이즈 더 써브웨이 스테이션?

가장 가까운 버스 정류장은 어디예요?

Where is the nearest bus station?
웨어 이즈 더 니어리슫 버스 스테이션?

(지도를 보여주며)
지도에 있는 이 식당은 어디예요?

Where is this restaurant on the map?
웨어 이즈 디스 레스토랑 온 더 맵?

| ~을 주시겠어요? | Could I have…? |
|---|---|
| | 쿠다이 햅…? |

물을 주시겠어요?

**Could I have some water?**
쿠다이 햅 썸 워터?

뉴욕 여행 지도를 주시겠어요?.

**Could I have a map of New York?**
쿠다이 해버 맵 옵 뉴욕?

메뉴판을 주시겠어요?

**Could I have the menu?**
쿠다이 햅 더 메뉴?

(메뉴판을 가리키며)
이거랑 이거, 이걸 주시겠어요?

**Could I have this, this and this, please?**
쿠다이 햅 디스, 디스, 앤 디스 플리즈?

영수증을 주시겠어요?

**Could I have the receipt?**
쿠다이 햅 더 리씯?

~해주시겠어요?

**Can you…?**
캔 유…?

---

다시 한 번 말해주시겠어요?

**Can you repeat that please?**
캔 유 리핕 댓 플리즈?

---

좀 천천히 말해주시겠어요?

**Can you speak a little slower?**
캔 유 스픽 어 리틀 슬로워?

---

사진 좀 찍어주시겠어요?

**Can you take a photo for me?**
캔 유 테잌 어 포토 포 미?

---

이 주소로 가주시겠어요?.

**Can you go to this address?**
캔 유 고우 투 디스 어드레스?

---

조금만 비켜주시겠어요?

**Can you move a little?**
캔 유 뭅 어 리틀?

~있나요? **Do you have…?**
두유 햅…?

---

근처에 ATM기가 있나요? **Do you have an ATM nearby?**
두유 해번 에이티엠 니어바이?

---

지사제가 있나요? **Do you have anything for diarrhea?**
두유 햅 애니씽 포 다이어리아?

---

창가 좌석이 있나요? **Do you have a window seat?**
두유 햅 어 윈도우 씻?

---

다른 거 있나요? **Do you have anything else?**
두유 햅 애니씽 엘스?

---

더 싼 거 있나요? **Do you have anything cheaper?**
두유 햅 애니씽 치퍼?

---

| ~되나요? | Can I…?<br>캐나이…? |
|---|---|

| 입어봐도 되나요? | Can I try this on?<br>캐나이 트라이 디스 온? |
|---|---|
| 카드로 계산해도 되나요? | Can I pay by card?<br>캐나이 페이 바이 카드? |
| 여기에서 사진 촬영해도 되나요? | Can I take a photo here?<br>캐나이 테잌 어 포토 히어? |
| 자리를 바꿔도 되나요? | Can I change seats?<br>캐나이 체인지 씻츠? |
| 가도 되나요? | Can I go?<br>캐나이 고우? |
| 남은 음식들을 가져 가도 되나요? | Can I get the leftovers to go?<br>캐나이 겟 더 레프트오버스 투 고우? |

어떻게 ~하나요?　　　How do I···?
하우 두 아이···?

---

지하철역으로 어떻게 가나요?　　　How do I get to the subway station?
하우 두 아이 겟 투 더 써브웨이 스테이션?

---

버스표를 어떻게 구입하나요?　　　How do I buy a bus ticket?
하우 두 아이 바이 어 버스 티켓?

---

이건 어떻게 사용하나요?　　　How do I use this?
하우 두 아이 유즈 디스?

---

이 음식을 어떻게 먹나요?　　　How do I eat this?
하우 두 아이 잇 디스?

---

이것을 영어로 어떻게 말하나요?　　　How do I say this in English?
하우 두 아이 세이 디스 인 잉글리쉬?

---

어디에서 ~하나요?　**Where do I …?**
웨어 두 아이 …?

어디에서 표를 사나요?　**Where do I buy a ticket?**
웨어 두 아이 바이 어 티켓?

어디에서 기차를 타나요?　**Where do I board the train?**
웨어 두 아이 보드 더 트레인?

어디에서 환승하나요?　**Where do I transfer?**
웨어 두 아이 트렌스퍼?

어디에서 돈을 지불하나요?　**Where do I pay?**
웨어 두 아이 페이?

어디에서 인터넷을 할 수 있나요?　**Where do I have Internet access?**
웨어 두 아이 햅 인터넷 액세스?

언제 ~해요?　　**When do...?**
웬 두 …?

---

언제 도착해요?　　**When do we arrive?**
웬 두 위 어라이브?

---

언제 문을 열어요?　　**When do you open?**
웬 두 유 오픈?

---

언제 문을 닫아요?　　**When do you close?**
웬 두 유 클로우즈?

---

언제 끝나요?　　**When do you finish?**
웬 두 유 피니쉬?

---

언제 이륙해요?　　**When do we take off?**
웬 두 위 테이크 오프?

---

~(을) 해주시겠어요?  **Would you⋯?**
우쥬⋯?

한국어 통역사를 찾아주시겠어요?  **Would you find me a Korean translator?**
우쥬 파인드 미 어 코리안 트렌슬레이러?

택시를 불러주시겠어요?  **Would you call me a taxi?**
우쥬 콜 미 어 택씨?

기차표를 예매해주실 수 있나요?  **Would you be able to book
a train ticket for me?**
우쥬 비 에이블 투 부커 트레인 티켓 포 미?

식당을 예약해주실 수 있나요?  **Would you be able to make
a restaurant reservation?**
우쥬 비 에이블 투 메이커 레스토랑 레져베이션?

짐을 보관해주시겠어요?  **Would you look after my luggage?**
우쥬 룩 애프터 마이 러기쥐?

~하고 싶어요.

# I want to…
아이 원 투…

이걸 사고 싶어요.

## I want to buy this.
아이 원투 바이 디스.

예약하고 싶어요.

## I want to make a reservation.
아이 원투 메이커 레져베이션.

버거를 먹고 싶어요.

## I want to eat a burger.
아이 원투 잇 어 버거.

뉴욕에 가고 싶어요.

## I want to go to New York.
아이 원투 고우 투 뉴욕.

이 짐을 부치고 싶어요.

## I want to check-in this luggage.
아이 원투 첵인 디스 러기쥐.

나의 첫 자유여행
뉴욕 NEW YORK

초판 인쇄 | 2018년 9월 10일
초판 발행 | 2018년 9월 15일

저 자 | 김미현
발행인 | 김태웅
편집장 | 강석기
마케팅총괄 | 나재승
기획 편집 | 권민서, 장재순
디자인 | all design group

발행처 | (주)동양북스
등 록 | 제 2014-000055호(2014년 2월 7일)
주 소 | 서울시 마포구 동교로22길 12 (04030)
구입문의 | 전화 (02)337-1737 팩스(02)334-6624
내용문의 | 전화 (02)337-1762 dybooks2@gmail.com

ISBN 979-11-5768-431-1    13980